超完美
地中海飲食指南

謹獻給我最愛一起用餐的人們：

我的妻子斯維拉娜，我的孩子，亞莉珊卓、薩爾瓦多和尼可拉斯，

我的母親莎拉，以及亦兄亦父、永遠陪伴著我的哥哥多明尼克。

懷念我深愛的父親，

薩爾瓦多．奧古斯塔

超完美
地中海飲食指南

全球最健康的飲食文化
0 到 100+ 歲都適用的家庭料理書

The Mediterranean Family Table

125 道用橄欖油、豆類、堅果、全穀、蔬果、禽類與海鮮，
佐散步、陽光與美酒的地中海料理。

－作者－
安傑羅．奧古斯塔 醫師 M.D. ANGELO ACQUISTA
羅莉．安．范德摩倫 LAURIE ANNE VANDERMOLEN

－譯者－
賀 婷

目錄

第三章　好好吃

前言

Tuitti a tavola 是我小時候在西西里島幾乎每天都會聽到的一句義大利語，意思是「大家都上桌吧」。對我來說，這個簡單又有詩意的句子，就是這本書的精髓，也是地中海飲食和生活方式的象徵。地中海飲食的基本元素，就像發起人安瑟爾．凱斯（Ancel Keys）醫師所描述的一樣：「各種義大利麵，淋上橄欖油的生菜，多種當季蔬菜搭配起司，最後來點水果，再以紅酒畫下完美的句點。」採用大量的橄欖油、堅果、全穀類和魚類，結合多種豆類，極少食用肉類。這不僅是地區性傳承下來的飲食文化，也是和家人朋友共享美食的傳統，以及從小培養出珍惜及尊敬食物的好習慣。這些風俗和料理，都體現了地中海飲食的精神，也在這種飲食方式所帶來的好處中扮演關鍵角色。

地中海沿岸圍繞著許多不同的國家及飲食文化，當我們提到「地中海飲食」一詞時，指的是科學家定義的健康飲食型態。以地區而言，涵蓋了克里特島、大半的希臘國土及南義大利等地；以時代而言，是這些地區在 1960 年代早期典型的飲食模式。我們基於兩種主要的線索，選擇了這個特定的時代及地理位置：

1. 凱斯醫師當時做的《七國研究》（*Seven Countries Study*），發現這些地區雖然缺乏醫療機構，但當地居民的平均壽命卻是全世界最長的，罹患心血管疾病、其他飲食相關的慢性病及特定癌症的機率，也是全世界最低的。

2. 世界各地進行過的多項流行病學研究指出，採用相似飲食習慣的其他地區居民，也有長壽及低慢性病比率的結果。

因此，所謂的「地中海飲食」，指的是這些地中海沿岸盛產橄欖的地區在50年前所形成的飲食型態。

很幸運地，我在那個年代的南義大利渡過了年少時光。那時我根本不知道自己吃的是科學家公認最健康的飲食之一。西西里島位於義大利南方，我的老家卡斯楚菲利波（Castrofilippo）是個鄰海的小鄉鎮。凱斯及其他科學家所描述的典型地中海飲食及生活方式，就是我的童年。

整體而言，當地生活並不富裕，所以我們自己種水果和蔬菜，在海裡捕魚，用後院橄欖樹的果實榨橄欖油，拿自己種的葡萄釀酒，自己撿核桃，自己做麵包，用自家的雞蛋，而肉類來源則是短缺的。家人是我們生活的重心，家人總是圍繞著廚房。廚房是家庭的靈魂核心，無論是小寶寶或爺爺奶奶，全家人都在廚房裡團聚。

用餐時，無論長幼，每個人吃的都是同一種菜餚，差別在於食物的型態。從我長牙可以吃糊狀食物開始，媽媽就用叉子把各種餐桌上的蔬菜壓成泥給我吃，還有無花果、桃子、瑞可塔起司和馬札瑞拉起司等當地生產且未經加工的食物，以及沾了香醇橄欖油的當日現烤全穀麵包。成年人吃的當然就不用壓成泥了，而牙口不好的老人家，則會像孩子一樣吃糊狀食物。

和快速料理說再見吧！地中海飲食應該要全家人一起享用，這就是我在本書裡涵蓋人生各個階段的原因。讓孩子從小養成健康的飲食習慣，一輩子都受用。我就是用自己小時候的飲食方法來養育我的小孩，不管是 3 歲還是 6 歲，成年人吃的食物他們一樣也能吃。我 6 歲的女兒亞莉珊卓選擇餐點時會說：「我要跟爸爸吃一樣的。」羽衣甘藍、花椰菜苗、孢子甘藍、無花果、鮭魚、章魚、鯖魚等食材，他們都非常喜歡。

總之，本書所述的飲食方式，適用於人一生中所有的階段，包括：童年的各個階段，因應兒童多樣的營養需求；成人方面，特別強調青少年、懷孕婦女、中年人及更年期所需要的營養；以及 60 歲以上銀髮族在晚年增強健康的營養指南（健康飲食帶來的好處，永遠不嫌晚！）。

在內科臨床醫學中，我一直對營養及體重控制特別感興趣。從求學階段至今，我幾乎天天下廚。一開始，還在唸醫學院的我，透過媽媽的電話指導做菜給自己吃；後來，我開始做菜給別人吃，我太太長得很漂亮，以我的外表條件來說，肯定是追不到她的，所以我就靠廚藝來擄獲她的芳心……言歸正傳，我逐漸將營養、控制體重和烹飪這三種興趣，結合到我的醫療工作中，遇到想減肥的病患，我就會寫下地中海飲食處方籤，請他們嘗試，這對減重非常有效，也成為我前一本書《地中海處方》（*The Mediterranean Prescription*）的主題。而在這本書中，我寫下了許多豐富的地中海食譜，讓大家一起嘗試美味、享用佳餚、與家人歡聚。南義大利風格很簡單－運用多種美味新鮮但不一定豪華的食材，特別適合忙碌的現代人，在多吃一點全食物並準備美味營養的料理之餘，還有時間和心愛的家人相處。

Buon appetito —用餐愉快！

第一章　健康吃

Mangiare Sano

地中海飲食是什麼？

2013年2月，一本備受尊崇的醫學期刊《新英格蘭醫學期刊》（*the New England Journal of Medicine*），發表了以地中海飲食為主題的研究。這個少見的飲食實驗使用了正確的限制因素：一大群試驗者被隨機分配特定的飲食菜單，並遵循此菜單數年。經過5年的追蹤，研究員得到了重大的結論：食用富含橄欖油和堅果的地中海飲食，人們罹患心臟病、中風或致命心血管疾病的機率降低了30%。

地中海飲食最著名的是對心臟健康的功效，但絕對不只這樣。事實上，從70多年前開始進行的研究，無數的報告結果都指出，除了心血管疾病之外，地中海飲食所帶來的其他好處，保護人體免於其他最嚴重且致命的慢性病，包括癌症、糖尿病、阿茲海默症、類風溼性關節炎及肥胖。

自1940年代起，美國的心臟病罹患率開始急速增加，人們開始尋找理想的飲食模式應對。在當時，心臟病儼然是人們最害怕的頭號殺手，佔全美死因近四成，若加上病程類似的中風，更包辦了一半的死因，換句話說，大約有一半的死因都與動脈疾病有關。正值黃金年華的人們，因突發性心血管疾病而倒下的例子層出不窮，其中最令全美人民感到恐慌的，莫過於1955年美國總統

爲什麼大家都很在意心臟疾病？

我經常提到心臟疾病的預防。原因很簡單，無論是安瑟爾·凱斯的年代或現在，心血管疾病都是世界疾病的頭號殺手。以下是2010年美國人的8大死因粗略統計：

心臟疾病	60 萬人
癌症	57 萬 5 千人
慢性下呼吸道疾病	14 萬人
中風	13 萬人
意外死亡	12 萬人
阿茲海默症	8 萬 5 千人
糖尿病	7 萬人
腎臟疾病	5 萬人

乍看之下，心臟疾病和癌症的死亡人數差不多。但若觀察既會引發心臟病又會影響全身循環系統的心血管疾病死亡人數，就超過 80 萬人。其中包括了心臟病、中風（90% 都和引發心臟病的血塊有關）及其他血管類的病症。心血管疾病也被認為會惡化或引發糖尿病、阿茲海默症及腎臟病。癌症是第二大死因，造成近 57 萬 5 千人死亡。然而其中 16 萬案例為肺癌，大多與抽煙有關。其他常見的致命癌症為腸癌（一年 5 萬人）、乳癌（4 萬人）、胰腺癌（4 萬人）和前列腺癌（3 萬人）。這些癌症都有各自特定的高危險因素，例如基因、飲食、環境毒素、賀爾蒙和各種致癌物質。相反地，心血管疾病的病因比較一致，妥善預防就能降低大多數人得病的風險。而且，為了預防心血管疾病所建議執行的飲食及生活方式，通常也能避免罹患癌症及其他慢性疾病。

艾森豪在辦公室裡心臟病發，當時他 65 歲*。連國家元首都無法逃過心臟病的魔掌，使得全美上下都迫切地想尋找解決的答案。

1947 年，被後人公認為地中海飲食之父的安瑟爾．凱斯醫師，開始著手研究這個問題。早在 20 世紀初，就有人提出「飲食可能是造成心臟病發的原因」的說法，但兩者之間的關連還不明確。動脈血塊中發現大量膽固醇，讓膽固醇被視為嫌犯之一，後來多項重要研究也清楚指出，心臟病患血液中膽固醇濃度較高，很多人認為總算揪出了這個元兇。然而，凱斯的研究結果顯示，我們吃下去的膽固醇，並不是造成動脈血管阻塞的原因。

凱斯醫生恰好檢查到一位不尋常的病患，因此，他開始了全新的研究方向—除了膽固醇之外，飲食中還有其他因素會造成高濃度的膽固醇。這位不尋常的病患，是從威斯康辛大學醫學院轉來的一位酪農，凱斯描述他的病情：「他的手肘和眼睛遍布大腫塊，切開後發現裡面都是純膽固醇。」嘗試過多種治療方法後，凱斯的醫療團隊檢測了酪農血液的膽固醇值，第一次的數據 1,000 mg/dL，遠高於美國標準值 220 或 230 mg/dL。陪同這名酪農來的哥哥測出來的結果是 600 mg/dL。兩人被送到凱斯在明尼蘇達州的實驗室，實行了一週幾乎無脂肪的飲食，結果超驚人！他們的膽固醇值降到了 500 及 300。凱斯想知道給他們食用少許脂肪會怎麼樣，於是讓他們吃了點植物性乳瑪琳，結果膽固醇值馬上飆高。因此推斷，影響他們膽固醇值的顯然是脂肪。這個研究的結果，開啟凱斯辛苦的檢測過程，以了解各種不同型態的脂肪對健康和疾病帶來的影響。

---

* 艾森豪（Dwight David Eisenhower）是美國第 42、43 屆總統，任期從 1953 年到 1961 年，他就任總統不到兩年就在辦公室裡心臟病發，之後就一直和病魔對抗，直到 1969 年過世，正是死於心臟病。

凱斯繼續實行進一步的飲食研究，結果他確信，血液中的膽固醇值的確是飲食中脂肪攝取量造成的結果。二戰後的研究數據，也是解決這個謎團有趣的線索。凱斯注意到，美國商界大老，這群全世界吃最好的人，罹患心臟病的比率很高；而二戰後的歐洲，在缺乏肉類及乳製品的情況下，心臟疾病患病率大幅下降。凱斯開始對地中海地區極低的心臟病發率感到興趣。「這裡沒有心臟病的問題，」一位義大利同事跟他說：「你自己來看看吧。」於是，1952 年，凱斯啟程前往義大利。

凱斯利用他的休假年，以傅爾布萊特（Fullbright）學術交流基金會*資深學者的身份，抵達義大利拿坡里。這是一場對他影響深遠的旅程。從研究的角度來看，他開始搜集國際健康營養數據來比較。比如說，拿坡里人的膽固醇值，明顯遠低於美國及英國；他造訪拿坡里醫院後也發現，心臟病在這裡幾乎是罕見疾病。凱斯受到啟發後，將研究版圖擴張到馬德里。他的研究報告，激勵了一群國際學者競相參與，在南非、日本和芬蘭陸續開始進行測量和診斷。

從世界各地搜集來的數據，證實了飲食中不同的脂肪攝取，與血液中的膽固醇值和心臟病發率有關。以日本為例，他們觀察到心臟病發率低的族群採行低脂飲食；而芬蘭的農夫和伐木工人雖然健壯精實，卻經常食用起司和奶油，因而引發心臟疾病。

凱斯在拿坡里發現到的另一個變化，在當時看來是比較細微且不科學的：他愛上了南義的飲食文化。一位義大利教授法拉米諾．菲丹札（Flamino Fidanza）不只提供他學術上的協助，也引領他認識拿坡里人的生活方式。凱

＊傅爾布萊特（Fullbright）學術交流基金會，是美國國務院與各個其他國政府共同推動之學術與文化交流計畫，目的在透過人員、知識和技術的交流，促進美國和世界各地人民的相互了解。

斯沉浸在當地的美味料理和飲食習慣中，愛上了散步、享受陽光和晚餐搭配兩杯紅酒的美好。百花盛開又依山傍海的自然環境，跟科學研究得到的結果一樣重要。

凱斯日後回憶起他在拿坡里的時光：「我對『飲食影響民眾健康』這個議題的興趣，從 1950 年代早期的拿坡里開始。我們觀察到採用所謂『地中海飲食』的人們，極少罹患冠狀動脈相關的心臟疾病。」他發現這種飲食型態富含水果、蔬菜及全穀類，肉類及乳製品的攝取量比美國及北歐地區少很多，並以水果取代甜點。這些觀察結果，最終成為了他所發表的《七國研究》。

在國際心血管醫學權威暨艾森豪總統私人心血管醫生保羅．懷特（Paul Dudley White）的積極參與下，《七國研究》成為了一項精心計劃、執行長達 10 年的流行病學研究；取樣於 6 個西方國家及日本的 16 個族群。約 1 萬 3 千名 40 至 59 歲的男性參與研究，遍布南斯拉夫、芬蘭、義大利、荷蘭、希臘、美國及日本。經過數年的協商、募款、籌畫及試驗（早期試驗於克里特島及義大利進行），1958 年終於開始監測受試群眾。這項龐大的計劃是史上第一個跨國界研究，針對採行不同飲食及生活方式的族群，進行飲食與疾病關連性的比較，創下了許多里程碑。學者們希望能藉由這項研究，測量出區域性健康習慣及生理條件所造成的不同風險，進一步提供預防的方向，至少能減低世界各地心臟疾病的發生率。

經過 10 年的資料採集後，《七國研究》的第一批結果發表了。正如凱斯所預測，飲食中大量的脂肪，特別是肉類及乳製品中含量高的飽和脂肪，和心臟疾病有關。希臘克里特島及南義大利是受試區域中耀眼的兩顆星，當地人心臟疾病的發病率最低，平均壽命也最長。相反的，美國人死於心臟疾病的機率，比義大利人高了 72%。研究結果顯然與飲食有關，但因只採用主要營養物質（蛋白質、碳水化合物及脂肪攝取量）來做分析，所以詳細的飲食內容無從發表。

《七國研究》激發了大家研究世界上最健康人們飲食習慣的興趣，後來發表的研究報告指出，除了食用少量飽和脂肪，地中海飲食其他的特色也各有好處。這個地區飲食中包含的抗氧化物、維生素、礦物質、纖維質、健康蛋白質、複合碳水化合物及葡萄酒，都有益於增進健康及長壽。

1980 到 1990 年間，科學家、營養學家和醫生們，定義出地中海飲食的真諦。畢竟地中海沿岸有超過 15 個國家，飲食文化也各有重疊。哪一種飲食型態最好呢？最後學者們都回溯到 1960 年代，克里特島及南義大利鄉村的飲食。此外，1989 年，一位參與《七國研究》的學者，發表了各國在研究過程中飲食內容的歷史紀錄。克里特島及南義大利的飲食方式，因試驗族群心臟病發病率及其他與飲食相關的病症發病率最低（雖然之後飲食及發病率有所改變），而被視為完美的健康地中海飲食。有了其他調查結果佐證，這些資料，建構出現代的地中海飲食金字塔。

1994 年的里昂飲食心臟研究（Lyon Diet Heart Study），是第一個突破性的臨床試驗，證實了地中海飲食所帶來的健康好處。這個研究隨機找出了 600 位曾經得過心臟病的法國人，分為兩組，一組實行地中海飲食，另一組實行美國心臟協會建議大眾降低心臟病發率的飲食。試驗兩年後，結果令人信服：地中海飲食組，冠狀動脈疾病的發病率減少了 73%，整體死亡率也比美國飲食組低了 70%。這項臨床試驗原本計劃進行 5 年，但才 2 年就已獲得顯著的成效，地中海飲食組的健康狀況，很快就有了重大的改善。除了這個值得注意的研究結果，學者還發現，雖然實行地中海飲食和長壽有很大的關係，卻找不到與飲食中特定元素的明確關連。顯然，整個地中海飲食型態，都是促進健康與預防疾病最好的方法。

從後續的各項研究中可以看出，不只是心臟，地中海飲食對任何與動脈或血管相關的健康狀況都有益。一連串研究結果顯示，遵循地中海飲食能抑制癌症發病率，減少罹患帕金森氏症和阿茲海默症等腦部退化疾病的機率，也能降低體脂肪及避免糖尿病，甚至被公認能降低整體的死亡率。

2000 年時，飲食中的脂肪量被仔細檢測後，動搖了許多人深信低脂飲食最完美的理念。雖然高脂飲食卻食和心臟疾病有關，但某些地中海飲食地區的日常飲食熱量中，卻含有近四成的高脂量。原來，他們吃的不是飽和脂肪，而是大量的橄欖油，這種單元不飽和脂肪酸及抗氧化物的結合，對健康有多方面的好處。橄欖油被視為健康的萬靈丹，能抑制各種疾病。

國際冠狀動脈疾病研究中心當時發表了一則聲明：「越來越多的研究證據顯示，富含水果、蔬菜、豆類、全穀類、魚類、堅果及低脂乳製品的飲食，對健康有正面效果。這種飲食模式不需要控制整體脂肪量，只要不超乎熱量攝取即可。應該以低飽和脂肪的植物油為主，避免氫化油（市售加工食物常使用的反式脂肪）。傳統的地中海飲食，主要脂肪來源是橄欖油，包含了以上提到所有的正面特徵。」

一場 2005 年在羅馬舉行的跨學科國際會議，進一步將地中海飲食做了更新與標準化的定義。與會者引用了一句古希臘文「ataraxia」來描述地中海飲食，意味著「心神安寧的生活方式」—在一個心靈極度安定的狀態下，和心愛的親友團聚。他們認定地中海飲食不只是一種飲食原則，整體生活習慣對身心健康都很重要，生理、社交及飲食活動，各自扮演著關鍵角色。

所以呢？科學家們至今仍未找到一帖健康魔藥，也許那根本不存在，因為人體太複雜了。然而，我們現在顯然發現了最少生病且最長壽人群的飲食型態。地中海飲食的魅力，也許在於對整體健康的改善，例如減少發炎及降低體脂肪；也許是用餐時搭配抗氧化物的時機；也許是最健康族群之間溫暖的社會關係；也許是這種新鮮、多變化、美味又簡單的飲食實行起來太容易了。綜合起來，這些因素造就了地中海飲食。

地中海飲食對身體有什麼好處？

二戰後，克里特島和南義大利的居民，可能是在受制於環境、資源、別無選擇的狀況下，發展出這樣的飲食型態和生活方式。依山傍海的生活環境，食用未加工的新鮮食物，食用少量肉類及乳製品，這些不經意的因素，使地中海沿岸族群的飲食中涵蓋了健康脂肪、蛋白質及全穀類，富含纖維質、維生素、礦物質、抗氧化物及植化素，他們在一天中某一餐，通常也會搭配一杯美味的葡萄酒。以新鮮食物為主的飲食，不會因加工而流失營養素，也避免添加不健康的脂肪、糖份及化學物質。他們吃的食物種類多元，能確保各種營養的攝取，並降低接觸單一毒素的機率。這種食物組合，可說是地中海飲食健康好處的原因。

接下來，我將敘述這些食物的特性，對健康及體重帶來的好處。接著，我會簡單解釋這種飲食型態能促進身體機制運作、增強體能及精神、減緩老化及避免罹患常見慢性疾病的原因。

深入了解好膽固醇與壞膽固醇

很多人誤以為膽固醇會慢慢地累積在動脈中，直到最後像堵塞的水管一樣阻礙血液流動。其實膽固醇是在動脈血管壁內逐漸堆積，讓血管變窄及硬化，增高血壓。不穩定的斑塊最後爆開造成血栓，可能會阻斷血流，或輸送到遠端血管，引發大多數的心臟病及中風。

膽固醇需經由脂蛋白，才能在動脈血管壁的運行並形成斑塊。事實上，膽固醇只有一種，我們所謂「好膽固醇」或「壞膽固醇」，其實是指「脂蛋白」的好壞，因為脂蛋白能決定膽固醇的流動。

脂蛋白的命運與其作用有關。高密度脂蛋白（HDL）在循環系統四處尋找膽固醇乘客，將它們運送回肝臟重新利用或排除，被稱為「好」脂蛋白。低密度脂蛋白（LDL）將膽固醇轉運到身體各處，例如需要較多膽固醇但又製造不足的細胞組織。然而過多的低密度脂蛋白會造成損害，所以被稱為「壞」脂蛋白。低密度脂蛋白被堆積於動脈血管壁中，特別是受損的血管壁，造成無止境的發炎循環及再度累積。組織的低密度脂蛋白越多，就會有越多的膽固醇被轉運過去。

低密度脂蛋白在動脈血管壁氧化的程度，也與其對健康的威脅有關。低密度脂蛋白氧化度可說是最適合檢測心血管疾病的指標，但目前低密度脂蛋白氧化度的檢測，仍然很困難且昂貴。

飲食會影響低密度及高密度脂蛋白的數量，因為低密度脂蛋白的氧化度，取決於飲食中脂肪的種類。

健康的食物，打造健康的身體

毫無疑問，地中海飲食的**脂肪組成**對促進健康最重要。橄欖油中大量的單元不飽和脂肪酸帶來無數的健康好處；飲食富含多元不飽和 Omega-3 脂肪酸及多元不飽和 Omega-6 脂肪酸，也有許多效益。

單元不飽和脂肪酸、Omega-3 脂肪酸和 Omega-6 脂肪酸的生物化學特性，使它們在人體更容易流動（也是我們想要的）。這些不飽和脂肪酸群，有可能和受損的無氧自由基產生化學反應（稱為氧化），但因為它們通常伴隨著抗氧化物，例如橄欖中含有的維生素 E，因此可免於威脅。地中海飲食中少見的飽和及反式脂肪酸，會緊密地堆疊並硬化血管壁，更容易大量累積於細胞中。

橄欖油（特級初榨）擁有脂肪的完美特徵：它是單元不飽和脂肪酸，只有一種不飽和脂肪，流動性高但不容易氧化；也含有大量且有力的抗氧化物及植物營養素。壞低密度脂蛋白的氧化作用，普遍被視為生成心血管疾病的基本步驟，橄欖油既可以減少血液中低密度脂蛋白的數量，也能保護它避免氧化，非常重要。

Omega-3 脂肪酸被稱為「必需脂肪酸」，因為人體無法自行製造，需要從飲食中攝取。Omega-3 脂肪酸有三種主要的類型：堅果與酪梨等植物性來源中含有的 α- 亞麻酸（alpha-linolenic acid, ALA），二十碳五烯酸（eicosapentaenoic acid, EPA）及二十二碳六烯酸（Docosahexaenoic Acid, DHA）主要存在於魚類中（所以有時被稱為海洋性 Omega-3 脂肪酸）。這些脂肪酸能防止血液在動脈血管裡凝結（大多數心臟病發的原因）、改善血液中的膽固醇值、抗發炎及避免心律不整。

適量攝取 **Omega-6 脂肪酸**也被認為有助於維持心臟健康、抑制發炎、調節血壓，對心臟腸胃及腎臟機能運作亦有幫助。Omega-6 脂肪酸及 Omega-3 脂肪酸的比例很重要，4 比 1 甚至是 1 比 1 的比例最理想。然而，目前大多數人普遍攝取的比例是 10 至 20 比 1。市售加工食品大量使用含 Omega-6 脂肪酸的大豆油，因此若減少食用加工食品，就能大幅改善 Omega-6 脂肪酸和 Omega-3 脂肪酸的不平衡。

全穀類也是地中海飲食的基本食材之一。全穀類或種籽通常可分為三部份：麩皮或外殼（含纖維質、維生素及礦物質）、胚芽（富含抗氧化物、維生素 B 和維生素 E 的內核）及胚乳（大多數都是碳水化合物）。全穀類可磨成穀片或穀粉。然而穀類精化後，健康的外殼和胚芽就在過程中被去除了；胚乳被打成粉，只剩下好消化高熱量的碳水化合物。因為人體消化全穀類的速度沒那麼快，可維持比較久的飽足感，血糖及胰島素值不會飆升。控制好血糖代謝，可預防過重、糖尿病及心血管疾病的發生。

纖維質是植物不可消化的部份。可調節腸道機能，並清除腸道中的有害物質。纖維質也有助於降低膽固醇值，減緩血糖吸收，延長咀嚼及吸收的時間控制體重，在不增加熱量的狀況下滿足饑餓感，維持長時間的飽足。降低罹患心臟病、糖尿病、憩室炎、腸躁症及某些癌症的機率，也是纖維質廣為人知的功效。

比起脂肪和碳水化合物，**蛋白質**在疾病中扮演的角色較少被著墨。但研究指出，地中海飲食重視的植物性蛋白質，比動物性蛋白質有益，特別是從堅果和豆類取得蛋白質時，也會同時攝取健康的脂肪、纖維質和抗氧化物。但若蛋白質來源是牛肉或全脂乳製品，只會吃下沒有這些額外營養素的飽和脂肪。

地中海飲食中另一個重要的元素，是豐富的**抗氧化物**。抗氧化物是生物界的英雄，吸收有害的單氧自由基，避免脂質、蛋白質和 DNA 受損，造成有害的變化，累積在身體各器官而引發多種疾病。大量攝取抗氧化物能穩定這種氧化威脅，研究指出，藉由營養品補充抗氧化物，大多沒什麼用（有時還有害），地中海飲食中豐富的抗氧化物，如維生素 A、C 和 E 及其他植物營養素，對健康非常有益。

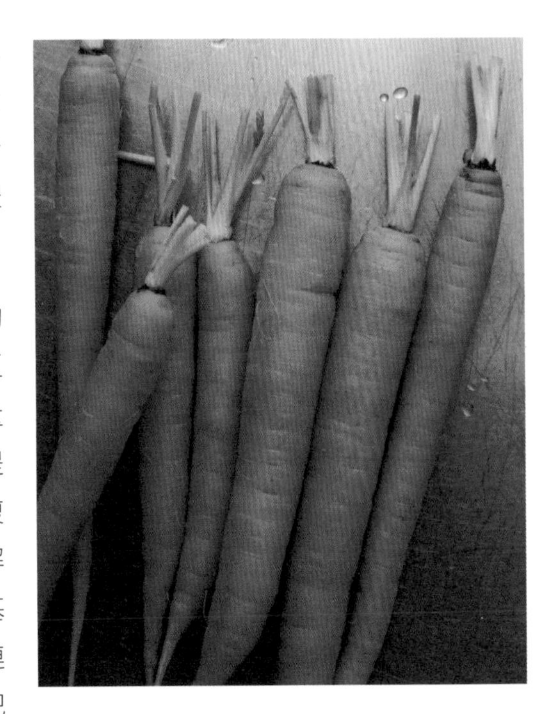

水果和蔬菜含有最精華的維生素、礦物質、抗氧化物和植物營養素，也是地中海飲食中重要的食材。研究指出，除了其他健康功效，蔬果也有助於預防心臟病、中風和某些癌症；大量食用可降低體脂肪（吃越多蔬菜，體脂肪量就會越低）。

地中海飲食有個重要的特色，就是食用大量的**豆類**，我在書中把它獨立於蔬菜以外。豆類包括豆子、扁豆、豌豆及黃豆。纖維質、鈣質和鐵質含量豐富，是植物王國中最好的蛋白質來源。豆類也提供充足的維生素 B、葉酸、礦物質、抗氧化物和複合式碳水化合物。豆類的葉酸和維生素 B6 可分解同半胱胺酸（一種食用肉類後累積在血液中的胺基酸副產品，和心臟病、中風及血栓有很強的關連性）。豆類的高纖維質和蛋白質讓人飽足，對減肥及維持健康體重有極佳功效。

地中海人也食用大量的**魚類**。固定食用魚類可避免心臟疾病、心臟病發致死、血栓性中風及心律不整。健康功效多來自油脂豐富魚類裡的 Omega-3 脂肪酸，大多數魚類或多或少都有一些。值得注意的是，雖然植物性 Omega-3

脂肪酸也有益心臟健康，但研究證據指出，海洋性來源的效果更好。

世界上最長壽的人們都有一個共同現象：他們吃很多**堅果**！豐富的健康不飽和脂肪、維生素、礦物質、抗氧化物和止饑的蛋白質，堅果有助於維持藍色寶地*族群的長壽現象。許多研究都特別探討堅果對預防心血管疾病及心臟病的效果。舉例來說，1992年一項基督復臨安息日教會做的研究指出，一週至少吃五次堅果的人，比起一般人罹患心臟疾病的機率少了一半。無論男性、女性、素食者或葷食者，不管堅果是否經過油炸，結果都是如此。研究也顯示，堅果可能有助於預防第二型糖尿病及某些癌症。

用一杯**葡萄酒**當作一餐的結尾，在健康地中海飲食中也扮演著重要的角色。適量飲酒不會增加體重，還有許多健康好處，例如提升好高密度脂蛋白膽固醇值、增加消除血栓的因子、減少組織發炎情形及促進胰島素阻抗，進而避免心血管疾病與糖尿病。觀察結果也發現，適量飲酒能預防罹患阿茲海默症及非酒精性脂肪肝疾病。雖然近期研究指出不一定要喝葡萄酒（用餐時配烈酒或啤酒可能也有相同的效果），但我家習慣的地中海飲食方式就是要搭配葡萄酒。一週適量飲酒數次的人罹患心血管疾病的比率最低，在我的老家卡斯楚菲

---

*「藍色寶地」，原文為Blue Zones，也譯為「藍區」，這個名詞來自於丹·布特納（Dan Buettner）所創辦的同名機構，目的在幫助美國人活得更長壽、健康。在布特納的著作中明確指出，根據他的長期研究，世界上有五個人們活的最長壽的地區，分別是希臘的伊卡利亞島、義大利的薩丁尼亞半島、日本的沖繩島、美國加州的洛馬林達區，以及哥斯大黎加的尼科亞半島。

利波也有相同的情形。當地人一個晚上喝一兩杯酒，通常是紅葡萄酒，很少過度酗酒。

地中海飲食中**種類多元的食物**確保人體攝取多種重要的營養素，也能避免某些食物中含有的單一毒素或農藥攝取過量。1995 年發表的一項研究，分析整體飲食多樣性（依據每日攝取的食物種類數評分，不管是奶類、肉類、穀類水果或蔬菜）與整體死亡率（包括心血管疾病和癌症）呈反向關係，也就是説食物種類越豐富，死亡率越低。

健康功效

飲食對健康最重要的影響之一是**體重控制**。體重過重會損害全身的器官，也是所有重大疾病的根源。地中海飲食中複合碳水化合物、纖維質和蛋白質所產生的飽足感，可減緩消化作用，幫助人體維持健康的體重。另外，因為主要攝取新鮮食材，不會吃下常讓人過量食用又忍不住想再吃的高熱量市售食品。採用這種體重控制方法也很簡單，不需要劇烈地改變飲食內容，而且還非常好吃－開始試做這本書的食譜就知道了！

過多的脂肪累積在軀幹，成為**腹部脂肪**，是造成體重增加的主要問題之一。這種狀況特別危險，因為脂肪細胞不只堆積在皮膚下，還圍繞著重要的內臟器官。一旦一般的脂肪細胞達到一定的量，就會累積在腹部，環繞著器官、心臟及血管滋長。脂肪細胞釋放出的物質能輕易地運輸到肝臟，影響膽固醇值。腹部脂肪和較高的壞低密度膽固醇及較低的好高密度膽固醇有關，也是發炎物質的主要來源（下一段將詳細介紹）。地中海飲食有助於維持健康的體重，證據顯示對縮小腰圍（腹部脂肪的慣用測量依據）特別有用。

最近，「發炎」這個詞常出現在新聞上，讀者可能想知道這到底是什麼，以及對身體有什麼害處。簡單來說，人體免疫系統的作用，是移除有害物質及修補體內受損的組織；發炎就是作用造成的反應。這當然是好現象，而且通常會自動消退。白血球被送去對抗受損組織或外來物質，一連串的生物作用，讓發炎反應開始修補身體。如果不需要時發炎反應仍舊持續下去，對人體就有害且容易引發疾病。

發炎過程持續太久時，會造成附近器官的損害。受損的組織繼續發出發炎反應的信號求救，自行召集更多的白血球，成為慢性發炎。全身性發炎反應，會影響到整個循環系統中血管內壁的細胞薄膜，可能造成動脈粥狀硬化（動脈壁內累積的脂質）。事實上，從早期到斑塊血栓形成，此病症的各個階段都會出現發炎反應。發炎也是癌症、第二型糖尿病、阿茲海默症、類風溼性關節炎等各種疾病的起因。

地中海飲食能**調節血糖**，維持穩定的低血糖值，這個特色有助於預防糖尿病，但可能和你所想像的方式不一樣。第二型糖尿病在人體停止對胰島素反應時開始惡化，產生有害的高血糖值，不同於一般大眾的迷思，糖尿病定不是因飲食中糖份攝取過多造成，而是整體飲食過量的肥胖所引起。第二型糖尿病的運作機制仍在釐清中，但美國國家疾管局指出，美國將近 95% 的糖尿病案例，都與體重過重及缺乏身體活動有關。我之前介紹過，地中海飲食可以控制體重，也有證據顯示飲食中抗發炎的效果有助於預防糖尿病，避免血糖飆高（纖維質及複合式碳水化合物減緩消化作用）也能減輕饑餓感。

未控制的**高血壓**會引發動脈粥狀硬化、心臟病、中風、動脈瘤、心臟衰竭、腎臟病、代謝症候群、記憶力或理解力受損，以及眼球內血管變窄或硬化造成的視力衰竭。儘管通常原因不甚明顯，但高血壓和體重過重之間確實有著

靠地中海飲食減重

可能有人認為像義大利人一樣重視食物，會造成沉迷及過量攝取，其實恰好相反。從小開始有意識地選取、準備、食用及欣賞食物，而不是恣意亂吃，這種方法可以了解好食材的價值，拒絕濫竽充數、充滿化學物質的加工食品。如果你想減肥，請試試以下幾個有用的建議。

- 正餐或餐間點心，選擇蛋白質豐富的食物，最有飽足感（接下來是複合碳水化合物、單一碳水化合物及出乎許多人意料之外的脂肪）。堅果和豆類是良好的植物性來源。
- 攝取大量富含纖維質的食材，例如豆類、全穀類、水果和蔬菜。纖維質不含熱量又有飽足感。
- 研究指出，使用單一飽和脂肪酸取代其他脂肪有助於減重，特別是橄欖油。
- 改變零食選擇，剔除加工食物和精緻碳水化合物。
- 不要喝空有熱量而沒有營養價值的含糖飲料。研究指出，喝飲料不會像吃下相同熱量的食物，產生同等飽足感。
- 多吃魚，魚類含有大量蛋白質，熱量比哺乳類的肉低，還有對身體有益的脂肪酸。盡量減少其他肉類的攝取。
- 多吃低卡的健康食物。
- 在每天的生活中加入多一點活動量。
- 細嚼慢嚥讓人更滿足，也能增加飽足感減少食量。
- 擺盤控制份量，將多餘的食物儲存起來。

強烈的關係。脂肪組織會增加血管的阻力，加重心臟的負擔，這種增強的機械性應變也會損害血管本身，促使白血球滋生，造成組織性發炎。地中海飲食能減輕體重、減緩發炎，飲食中的鹽份也不高，有助於維持正常血壓，因為鹽會增加血量，加速心臟運作讓血壓升高。

血脂—也就是血液中的脂肪及**膽固醇**，對健康有重大的影響。我們吃下的脂肪與血脂最有關係。地中海飲食富含植物性食材及纖維質，以及大量多元不飽和及單元不飽和脂肪酸，能夠維持高濃度的好高密度脂蛋白，並且降地壞低密度脂蛋白的濃度。飽和脂肪酸、反式脂肪、糖份及（或）精緻碳水化合物量高的飲食，會造成血脂的組成不理想。

地中海飲食提供充份的抗氧化物，有助於減緩人體的**氧化作用**。氧化造成的破壞，被認為是造成人體老化及引發許多疾病的主因，諸如動脈粥狀硬化、各種發炎情形、某些癌症、血栓疾病（例如心臟病及中風）、愛滋病、肺氣腫、胃潰瘍、高血壓、妊娠毒血症、神經相關疾病（例如阿茲海默症、帕金森症、杜氏肌肉萎縮症）、抽煙相關疾病等等。

血栓是堵塞血管的破裂血凝塊，進一步發展會阻斷心血管血流。試管實驗顯示，以不飽和脂肪酸代替飽和脂肪酸，可減少血凝塊的形成。橄欖油被證明特別具有抗血栓的功效，還有蔥屬植物如大蒜、洋蔥和韭蔥，都是地中海飲食中常見的食材。

地中海飲食的鈣質來源及橄欖油，對**骨骼健康**都有幫助。橄欖油能預防老年人的骨質疏鬆，飲食中抗發炎的效果也能避免類風溼性關節炎等症狀。

地中海飲食對**神經系統**也很有益，能保護神經元並維持認知功能運作。許多研究指出，飲食中的 Omega-3 脂肪酸，能降低憂鬱症的發生。富含抗氧化物和抗炎物的特性，有助於防止阿茲海默症、帕金森氏症、亨丁頓舞蹈症等腦部退化疾病。

最後，我想再次介紹特級初榨橄欖油。經過多年的研究，它被證實為超級營養巨星。它能：

- 減少系統性發炎
- 降低壞的低密度脂蛋白膽固醇
- 減緩低密度脂蛋白氧化
- 增加好的高密度脂蛋白膽固醇
- 促進血管功能
- 避免血栓
- 維持健康的血壓
- 防止骨質流失
- 調節體重並減少腹部脂肪

基本上，食用橄欖油能涵蓋以上提到的所有健康功效。由此可見，橄欖油是地中海飲食的健康和風味不可或缺的一部份。

地中海飲食的協同作用

健康飲食不停地強調同樣的飲食模式：蔬菜、水果、豆類、堅果、種籽及全穀類；多吃魚類、去皮禽類、植物性蛋白質，還有橄欖油等不飽和植物油。通常也包含適量的低脂乳製品，但排除反式脂肪、飽和脂肪、精緻澱粉、額外添加的糖份和鹽份。這種飲食應該搭配規律的身體活動並控制食量，以維持健康的體重。

我們已經談完了地中海飲食的起源、對身體健康的好處，以及這種飲食法如何讓人活得更長壽。從下一節開始，我會帶來具體的建議，讓地中海飲食及生活習慣，引領你和你的家人，展開更健康快樂的生活。

吃吃喝喝：14 種美好的食物

個人與家庭的健康，是由日常生活一點一滴累積起來的。在這一節，我會介紹如何用地中海飲食的方式選擇健康的食物。我整理出地中海飲食的精髓，劃分為 14 個類別，請參考我對於蔬果、豆類、堅果和種籽、全穀類、橄欖油、健康油脂、蛋白質、乳製品和雞蛋、海鮮、禽類和肉類、葡萄酒、水、多元食材及在地當季食材的建議，一起來試試吧！

地中海飲食金字塔

這個地中海飲食金字塔的基礎，是 1950 到 1960 年南義大利及克里特島居民所採行的理想長壽飲食型態，再根據近期的營養學研究做調整，並呼應現代的體重控制問題。光是現代人身體活動量大幅下降的狀況，就已經讓我們的生活不同於當時，所以必須因應改變。

金字塔強調整體飲食中食物份量的平衡，當作各種食材攝取頻率的參考。它不是死板的硬性規定，食用量應該依據個人體型、身體活動量及口味做調整。這個簡單有彈性的準則，告訴我們該多吃或少吃哪些食物。

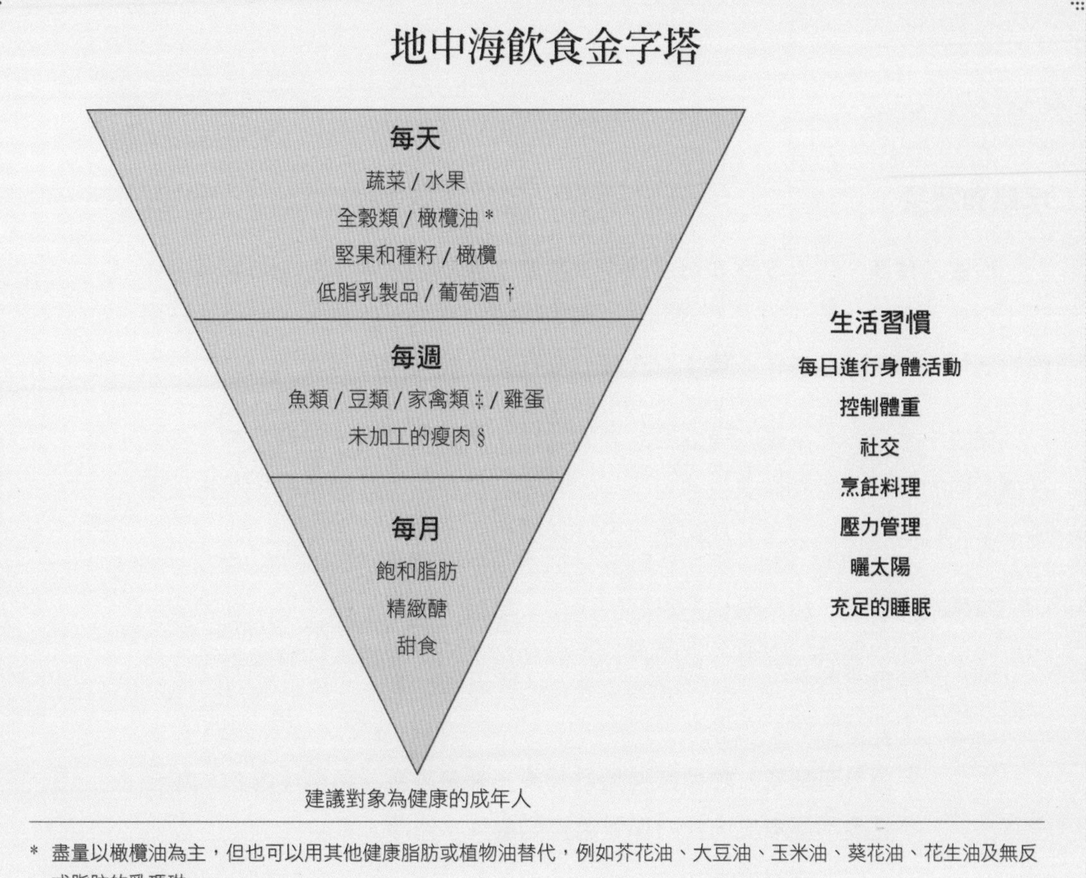

飲食指南

請從地中海飲食的主類別中選擇多種食材（無論是否為同一餐中的各道菜）。搭配健康的比例，例如一盤食物中有一半的蔬菜、1/4 全穀類或澱粉類蔬菜（例如地瓜），及 1/4 蛋白質。多吃水果和蔬菜等低熱量的食材，高熱量的食材如橄欖油、堅果、豆類和義大利麵適量食用，並練習控制整體的份量。

水果和蔬菜

份量／頻率：每天 5 到 8 份（一份大約為 1 顆中型水果〔約 150 公克〕，或 1/2 杯水果塊〔約 120 公克〕，或 1/4 杯果乾〔約 60 公克〕，或 1/2 杯煮熟的蔬菜〔約 120 公克〕，或 1 杯生菜沙拉〔約 240 公克〕。）

建議：蔬菜和水果是各種健康飲食的支柱，請盡情食用。話說回來，各式各樣不同的蔬果，營養價值也各有不同，若要選營養價值最豐富的，我推薦屬於十字花科的綠花椰菜和白花椰菜，以及莓果類的水果。

若想吃些零食，蔬果類也是很好的選擇！黑棗、椰棗、無花果、葡萄乾和杏桃等果乾都很適合。值得一提的是，水果和蔬菜的外皮富含植物營養素，所以最好連皮吃。

注意：無論是有機或一般農業種植之蔬果，都會噴灑殺蟲劑（且對人體一樣有害），不管要不要削皮，食材都要用流動的清水洗淨。

豆類

份量／頻率：一週 3 到 4 份（一份大約為 1/2 杯煮熟的豆類〔約 120 公克〕。）

建議：豆類是極佳的蛋白質來源，可代替肉類。豆類包括青豆、扁豆、豌豆、鷹嘴豆、白腰豆、蠶豆、苜蓿、三葉草、黃豆、花生和長角豆。

注意：豆類熱量較高，控制體重的人建議少量食用。

為什麼要吃豆類？

地中海地區廣泛地種植及食用豆類。雖然豆類屬於蔬菜，但在本書中我把它們獨立出來，因為豆類對健康飲食十分重要，很多人都太小看它們了。比如說，豆類是植物王國裡最豐富的蛋白質來源。蛋白質具有飽足感，可用來控制體重。高蛋白低醣的植物性飲食可大幅降低壞低密度脂蛋白膽固醇值，和以肉類為主的低醣飲食（會增加低密度脂蛋白）一樣有益於減重。事實上，很多研究顯示，從植物中攝取蛋白質，降低膽固醇值的效果跟史他汀（Statin）降血脂藥差不多！史他汀能夠略微提升好高密度脂蛋白質，而植物性飲食也能達到。在我的地中海老家，我們每天都吃豆類。

堅果和種籽

份量／頻率：一週 4 到 5 份（一份大約為 1/4 杯堅果或種籽〔約 60 公克〕，或 1 大匙堅果醬〔約 15 公克〕。）

建議：餐間覺得饑餓時，可以吃一把堅果，其中的蛋白質能帶來飽足感，又富含健康脂肪、維生素、礦物質和抗氧化物。我們可以將堅果加入料理或甜點中、灑在沙拉上或代替前菜的肉類。堅果和種籽最好的吃法是生吃或乾烤，如果用油料理，請確保使用健康的油（注意熱量會增加）。太甜或過鹹的調味料和油，可能會讓健康的堅果或種籽零食變成垃圾食物。可以試試這些富含健康脂肪營養的堅果和種籽：核桃、杏仁、腰果、胡桃、巴西果、松子、開心果、亞麻籽、奇亞籽、葵花籽、南瓜籽和芝麻。

注意：雖然在飲食中加入適量的堅果不會增加體重，還能讓人有飽足感幫助減肥，但請適可而止，60 公克近 175 大卡的熱量很可觀。

全穀類

份量／頻率：一天 3 份（一份大約為 1 片麵包、3/4 到 1 杯穀物片〔約 180~240 公克〕、1/2 杯煮熟的穀物或義大利麵〔約 120 公克〕。）過去建議的份量較多，但有鑑於體重控制的問題越來越嚴重，建議攝取份量已因應現代人需求而減少。

建議：盡量吃未加工的穀物，而不要選健康成份都已經被磨掉的精緻穀物。除了全穀物製品外，試試全燕麥（燕麥粒或燕麥片）、米糠、大麥和糙米。粗粒小麥粉製成的義大利麵精化程度較低，比其他大多數的義大利麵含有較多的蛋白質和較少醣類，是低升糖指數的食物（升糖指數用於衡量醣類對血糖量的影響，數值越低越好）。

注意：白麵包、白飯、甜甜圈、餅乾、即食麥片都是精緻穀物（或精化醣類），也要小心烘焙食品和米飯調理包裡的高鈉含量。

碳水化合物的迷思

碳水化合物似乎惡名昭彰，被視為是增加體重和肥胖猖獗的罪魁禍首。碳水化合物的確含有高熱量，但必須了解，可食用的碳水化合物有很多種，當然有好有壞。碳水化合物最單一的形態是糖，也就是科學研究中所說的「高醣飲食」，然而全穀類（和蔬果）中的複合碳水化合物是另一種。因此，加入大量全穀類的飲食，對健康有益。

小時候，我家很少吃加工穀類。我媽媽每天自己烤厚實有嚼勁的穀物麵包，我們都吃很多，既不貴又吃得飽，人人都有辦法自己做。各種食物都能搭配麵包－泡進湯裡或和沙拉、魚及蔬菜一起吃。搬到美國後，我爸爸特別重視麵包的品質，他每天都走到特定的麵包店購買，到現在我還是這麼做。

義大利的麵粉通常不像美國的那麼精緻。想在超市選購健康的麵包，請確認你選得是全穀產品。標籤上的成份會依照重量大小排列，「全麥麵粉」或「100% 麥粉」應該被列在最上面，而且是唯一的麵粉成份。「麵粉」、「未漂白麵粉」、「多穀」、「添加營養素」或「石磨麵粉」，都只是換個說法的精緻白麵粉。

橄欖油

份量／頻率：依個人的體重、身體活動量、年齡、健康而定，但基本上盡量每天都吃。

建議：以橄欖油當作主要烹飪用油。新鮮的橄欖油淋在沙拉和前菜上更好，因為其中的營養成份會隨著時間和熱度消失。使用冷壓特級初榨橄欖油，可以達到最佳的健康效果。

注意：雖然沒有研究指出，遵循脂肪含量較高（大多來自橄欖油）的地中海飲食會造成體重增加，甚至還有減重的效果，但橄欖油熱量高（1 大匙 120 大卡），還是請小心，不宜過量食用。

健康油脂

份量／頻率：依個人的體重、身體活動量、年齡、健康而定，但基本上盡量每天都吃一點。油脂應該佔一天攝取熱量的 25% 至 40%。

建議：以植物性食材當作主要的脂肪來源。盡量在飲食中加入大量的單一不飽和脂肪（存在於橄欖油、芥花油、杏仁、酪梨花生和腰果中）、海洋性 Omega-3 多元不飽和脂肪（存在於鮭魚、鯖魚、鮪魚、鯷魚、鯡魚、鱒魚和沙丁魚中）和植物性 Omega-3 多元不飽和脂肪（存在於核桃、亞麻籽、奇亞籽和其他種籽中）。也要包含較少量的 Omega-6 多元不飽和脂肪（存在於黃豆、玉米、葵花油和紅花油中）。

注意：避免攝取飽和脂肪、反式脂肪（特別是氫化油）和過量的 Omega-6 脂肪。

健康蛋白質

份量／頻率：蛋白質的攝取量可根據個人的年齡、健康狀況、身體活動量及體重控制需求調整；基本上不應超過一天攝取熱量的 10% 至 20%。

建議：盡量多選擇植物性蛋白質而非動物性蛋白質。優良的蛋白質來源包括鷹嘴豆（及鷹嘴豆泥）、扁豆、黑豆、南瓜籽、腰果、白花椰菜、藜麥、開心果、蘿蔔葉、米豆、黃豆、酪梨、羽衣甘藍、菠菜、堅果醬、奇亞籽及蕎麥。

注意：肉類及乳製品等動物性蛋白質來源，通常都含有飽和脂肪、較少的營養素和微乎其微的抗氧化物。蛋白質攝取過多可能對身體有害，而且大多數人都吃太多了（成年人一天大約需要 50 公克的蛋白質）。

乳製品和雞蛋

份量／頻率：適量食用低脂乳製品（一天大約 1 份，約 200 到 240 毫升）

或少量的高脂乳製品。一週吃的雞蛋少於 4 顆不會引發心臟病，一天最好不要吃超過 1 顆蛋。

建議：一天不需要多於 1 份的低脂乳製品（如 1 杯 200 到 240 毫升的牛奶或優格，或是 40 到 45 公克的硬質起司），攝取鈣質及預防骨質疏鬆有更多的好方法，例如運動或食用深色的綠葉蔬菜和豆類。把起司當成菜色的重點調味，並把常吃的乳製品換成低脂版。

注意：全脂牛奶、鮮奶油、多種起司和冰淇淋等高脂乳製品。糖尿病及高血壓病患一週的蛋黃食用量不得多於 3 顆。

魚類及貝類

份量／頻率：基本上一週 3 至 4 份（每份約 200 到 240 公克，特別是油脂高的魚種）。美國食品藥物管理局建議懷孕（或計劃懷孕）的和哺乳的女性及小孩，一週應該吃 2 到 3 份不同種類的煮熟海鮮。

建議：攝取種類多元的海鮮。如果不能吃魚，請詢問醫生是否需要補充魚油，特別是患有心臟病或高風險族群。

請魚販推薦當日新鮮現撈的漁獲，再來設計菜色。建議嘗試不同的海鮮，再使用《魚類和其他海鮮》（本書 228 頁）收錄的食譜當作烹調靈感。

注意：汞含量。大型掠食性魚類體內累積的汞含量往往比較高，不可過量食用。計劃懷孕或懷孕的女性及小孩，應該避免大王馬鮫、劍旗魚、鯊魚和墨西哥灣的軟棘魚（大目鮪的汞含量也很高），一週不食用超過 170 公克的長鰭鮪。

鎖定這些汞含量低的魚種

有些人因為環境污染不敢吃魚，但基本上魚類對健康的功效遠大於危害（除了懷孕女性及小孩）。淡水和海洋中都有甲基汞、多氯聯苯或戴奧辛等各種毒素，住在裡面的動物也無法倖免。多氯聯苯的含量通常不高，去除外皮和脂肪可以更加避免。

以下魚種的汞含量較低：

新鮮：鯡魚、吳郭魚、蝦、扇貝、烏賊、蟹、淡菜、青鱈、鯰魚、鱈魚、鮭魚等小型魚和貝類。

罐頭：鮭魚、鯖魚、黃鰭鮪魚。

海鮮界之星（汞含量低且 Omega-3 脂肪酸含量）：鮭魚（帝王鮭、大西洋鮭、銀鮭、粉鮭、紅鮭）、紅點鮭、大西洋鯖魚、沙丁魚、黑鱈、鯷魚、牡蠣、虹鱒、淡菜、狹鱗庸鰈、歐鯿、鯡魚、烏賊、青鱈和罐頭鮭魚、淡菜及鮪魚。

家禽類及少量的瘦肉

份量／頻率：1 週最多 2 餐中加入 85 公克的熟肉（大約是一疊撲克牌的大小）。

建議：小時候在義大利，買得起肉的當地人，也每兩個禮拜才會吃一次。盡量少吃肉，把肉當作一餐的調味，而不是重點。選擇禽類比紅肉好，紅肉請挑未加工的瘦肉，例如草飼牛的後腿肉或腰肉。減少肉類攝取時，可多吃豆類和堅果滿足蛋白質需求。

注意：禽類記得去掉充滿飽和脂肪的外皮。別用油膩的醬汁和起司搭配瘦肉。拒絕培根、添加亞硝酸鹽的香腸和午餐肉等加工肉品。

葡萄酒

份量／頻率：男性建議一天喝 1 到 2 杯，女性最多 1 杯（1 杯約 240 毫升）。

建議：這部份是可以省略的。葡萄酒佐餐飲用，對身體健康最好。

越新鮮越好

夏天吃多汁的水蜜桃，秋天享用清脆的蘋果或現採的甜草莓，真是再美好不過了。在南義，我們幾乎全年都有這種享受。當地夏天跟春天（從二月就開始了）長冬天短，所以整年都有蔬果可吃。先是無花果，再來是先白後黃的桃子，還有杏桃和櫻桃，每隔幾週就有新的收成。番茄有時候一年可以採兩次，那個滋味真是太棒了。

現在農產品運輸發達，過程中逐漸水份減少，冷藏、運送和儲藏都會影響風味。

當季的本地蔬果沒有這些問題，對身體也比較好。比起未成熟就採下、運送一段時間才到手的農產品，盛產期的蔬果通常含有比較多的維生素、礦物質和抗氧化物。其實這些嬌貴的營養素，一旦蔬果被採下就開始慢慢流失了。

注意：酒精對身體也有負面影響。懷孕、容易過敏、服用會與酒精起交戶作用的藥物、宗教信仰禁止或對酒精有不良反應的人，應避免飲用。

水

份量／頻率：一天至少喝 8 杯水（1 杯 240 毫升）。

建議：喝水有助於延長壽命，世界上的人瑞都喝很多水。選擇固定的飲水時間或地點，養成習慣。

注意：小孩和老人較容易脫水，不能只靠口渴判斷身體水份是否充足。

種類多元的食材

份量／頻率：每天的每一餐。

建議：選擇多元的食材，特別是水果、蔬菜和海鮮，以增加營養並減少接觸單一的殺蟲劑或毒素。多吃「色彩繽紛」的食材（藍莓、柳橙、紅蘋果、紅肉地瓜、綠櫛瓜、黃櫛瓜等等），顏色代表多種植物營養素和抗氧化物，確保自己吃下彩虹般豐富的營養。

注意：冬天時，新鮮食材的選擇變少。有時，盛產季採集、洗淨並急速冷凍的冷凍水果，營養價值可能比飛越大半個地球運來的水果營養更豐富。

在地當季食材

份量／頻率：每天的每一餐。

建議：在地當季食材美味、健康又省錢。我們應該充分了解自家本地整年盛產的食材，到傳統市場、農夫市集或可信賴的農場採購。

Tutti a Tavola：不管是嬰兒或老人，都上桌吧

安瑟爾・凱斯在 1950 至 1960 年間，進行尋找世界上最健康和長壽族群的國際性研究時，只專注於成年人。我們先假設，小孩和父母親吃一模一樣的東西，有助於長成健康的大人，而隨著越來越多關於地中海飲食的研究結果出爐，顯然從小開始遵循這種飲食方式，一輩子都受益無窮，能遠離疾病並延長壽命。這一節將探討人生各階段最關鍵的營養需求，並了解如何運用地中海飲食，為一輩子做出健康美味的選擇。

我為人生的每個階段列出了特別符合當時營養需求的「好選擇」。雖然地中海飲食建議吃多元食材，但同時根據年齡在飲食中加入這些重點食物，可以達到更好的健康效果。

兒童

隨著近代兒科研究的蓬勃，我們越來越了解地中海飲食帶給兒童健康的好處。舉例來說，遵循地中海飲食的小孩較不容易過重或肥胖（越嚴格遵循，此一現象越明顯）或罹患氣喘等呼吸道相關毛病。他們也比較不容易出現注意力不足過動症（ADHD）。其他可能的好處包括認知發展較佳、減少過敏及提高協調性。另外，動脈粥狀硬化可能從小時候就開始形成，累積 25 年後變為嚴重的心臟病，保護心臟健康永遠不嫌早。

從嬰兒期、幼童期到兒童期的發展，和餵食內容有極大的關係，還會影響後續的青春期。這段不長的時間，不只代表童年健康，也關係到接下來數十年的成人生活。飲食會影響壽命，決定這個孩子日後能不能過著快樂、滿足又沒有病痛的人生。來看看童年各階段適合的健康飲食，以及如何在小孩快速成長及發育的同時，提供最理想的協助。

出生到 4 個月

餵哺母乳的好處不需要我再多加著墨（對不滿 37 週就出生的早產兒更加重要）。除了缺乏普遍建議哺乳媽媽補充的維他命 D 之外，母乳完全符合新生兒所需要的營養及發育需求。一般來說，建議盡可能在 6 個月前只餵母乳。母乳其中一個好處是建立寶寶的味蕾，從中體驗媽媽所吃的不同食物味道。母乳寶寶之後比較不挑食，也更樂意嘗試新食物，兒童時期通常會吃比較多的蔬果。完整的地中海飲食，能提供哺乳媽媽及寶寶健康脂肪和重要的維生素。

地中海飲食對哺乳媽媽的益處

- 母乳包含媽媽吃下的脂肪，保有地中海的健康好處。
- Omega-3 脂肪酸，尤其是 DHA 對寶寶的認知發展*特別有益，也能減緩媽媽的產後憂鬱症。
- 母親飲食中的多種維生素及鈣質讓乳汁更營養。

哺乳媽媽的好選擇：鮭魚、罐裝鮪魚、柳橙、地瓜、胡蘿蔔、瑞卡達起司、綠葉蔬菜、菠菜、綠花椰菜、綠花椰菜苗、加鈣穀片、豆類、蘆筍、營養強化的義大利麵、哈密瓜、雞蛋。

寶寶一歲前不該吃的食物

- 巧克力
- 牛奶
- 蛋白
- 蜂蜜*
- 堅果

＊蜂蜜可能含有讓寶寶生病的肉毒桿菌孢子。這種孢子在壓力裝罐鍋之類的高溫下才能消滅，一般的烹煮方式還是有風險。

5 個月到 1 歲

寶寶開始吃副食品後，對於媽媽飲食的建議，會轉變為最適合寶寶的食物。

1 歲前嬰兒的成長和發育是一生中最快速的階段，母乳適合當作前幾個月

＊儘管沒有研究顯示含汞海鮮的副作用，但美國食品藥物管理局仍建議，哺乳媽媽、懷孕女性和兒童，都應避免食用劍旗魚、墨西哥灣的軟棘魚、大耳馬鮫和鯊魚等大型掠食性高脂魚種。

的食物來源，但 5 到 6 個月大左右，寶寶的營養需求增加，得開始添加副食品。

很多人選擇衛生又方便的市售嬰兒食品，其實並不需要，我建議盡量少吃。父母可以用果汁機或食物調理機，自己在家準備嬰兒食品，或是拿叉子把食材壓成濃湯狀，讓孩子吃到多種沒有添加物的新鮮營養食物。如果父母本身也遵循健康地中海飲食，家裡應該都有需要的食材了，從小就開始打造健康的家庭飲食。

嬰幼兒成長快速，所以體型雖小，蛋白質需求量卻較多，他們的脂肪量需求也比較高，提供肝臟、腦部、心臟及肌肉發育需要的營養，脂肪轉換成熱量更頻繁。千萬記得，不可以在嬰兒食物中加鹽、糖或奶油，因為嬰幼兒不需要。

副食品指南

每隔兩到三天，一次增加一種新的食物，判斷是否有過敏反應。9 個月時，寶寶可以開始吃手指食物（編按），滿 1 歲時，固體食物可增加到一半的營養需求量。逐漸增加食材種類與口感，引領嬰兒每餐根據需求、心情、能力及喜好，盡情地吃。讓孩子探索及嘗試不同食材，教導他們好好享受食物。

即便是早期食用副食品，也絕對不能輕忽給嬰兒吃多種食物的重要性。小

編按：手指食物，原文為 finger food，係指適合孩子用手抓、拿、握、取的食物，雖然本書原文所述是「9 個月時可以開始吃手指食物」，但通常孩子在 5 到 7 個月時就會開始伸手抓搶東西，此時就可以用條狀、片狀或顆粒狀的食物來取代糊狀食物，訓練孩子自己用餐。

時候吃的食物將影響一輩子的飲食喜好。研究指出，4 到 7 個月大的嬰幼兒，比 1 歲後更容易接受新食物。除了天生對甜食的喜愛，嬰幼兒的飲食偏好大多是學習而得的，他們喜歡熟悉的食物，也就是說，只要熟悉就喜歡吃，為了生存，出現這種行為非常合理。

給予嬰幼兒多元食物也有其他好處。餵食讓嬰幼兒發展對味道、顏色、溫度及口感的認知，餵食過程本身就能提供寶貴的身體接觸、視覺、聽覺和社交互動。

吃這幾種食物之前請先詢問醫生*

- 柑橘類水果
- 草莓
- 小麥
- 魚
- 各種番茄

* 這些食物有可能是過敏原，狀況因人而異，建議徵詢醫師或到醫院做檢驗測試。

副食品地雷

- 果汁：6 個月以下的寶寶不能喝果汁，到 1 歲前也該盡量少喝（若買市售果汁，只能選擇徹底殺菌的產品）。果汁有飽足感，喝太多會吃不下其他有營養的食物，可能還會導致肥胖。建議以水和果汁 10 比 1 的比例稀釋。
- 硝酸鹽：硝酸鹽對嬰幼兒的危害最大。因此，別給 6 個月以下的寶寶吃太多菠菜或甜菜根之類的蔬菜，減少攝取含有添加物的食品（如起司或醃肉）。
- 反式脂肪：令人驚訝的是，嬰兒食品和餅乾可能含有反式脂肪，購買前注意商標以避免。
- 殺蟲劑：有機磷酸鹽是最可怕也最常使用的殺蟲劑，對胚胎及嬰幼兒發育中的神經系統和腦部格外危險。桃子、蘋果、甜椒、芹菜、草莓、櫻桃、洋梨、葡萄、菠菜、生菜及馬鈴薯等農產品殺蟲劑的含量最高，即使經過清洗及去皮也難以避免。請參考 87 頁，了解清洗農產品最好的方法。

- 鹽：人對鹹食的偏好是學習而得的。一開始就應該避免，小孩才不會愛上鹽。嬰兒食品中絕對不可以加鹽，避免使用加工食品，特別是給成人吃的高鹽份調味料。

這個階段的好選擇：鐵質強化的穀片、香蕉、洋梨、蘋果泥、胡蘿蔔、地瓜、南瓜、酪梨、肉、豆腐、豌豆、雞蛋、起司、優格和小型義大利麵等手指食物。

優格：最古老的健康食物之一

運用活性乳酸菌發酵的優格極易消化，寶寶在能消化牛奶前就可以吃優格了。優格也富含維生素和營養素，提升腸道功能，增強免疫力，有助於消滅致癌物及某些疾病。請選擇「含有」活性乳酸菌的優格，要注意代表活性乳酸菌的 LAC（Live & Active Cultures）標示；光是以活性乳酸菌「製成」還不夠，因為有些優格在製作完成之後會經過滅菌處理，如此便不含活性乳酸菌了。

幼兒（2 到 3 歲）

雖然兒童的成長曲線會在 1 歲後趨緩，但他們還是需要足夠的熱量和必備營養素維持發育及活動量。兒童的飲食喜好隨時會改變，幼兒及學齡前兒童可能會經歷一段不願意吃以前最愛食物的時期。如果父母妥協，只給他們固定的食物，將加深兒童對這些食物的偏好，縮小食物選擇的範圍。大人應該規定規律的吃飯時間，提供多元食物讓兒童選擇，自己也要以身作則吃各種健康食物。幼兒對味道、口感和溫度特別敏感，稍微做點調整也許就能改變他們的喜好。對待幼兒要有耐心，別逼他們吃過量或不想吃的東西。

這段時間是味覺的形成期，請教導孩子新鮮食材的美味。如果嬰兒一開始就吃罐裝嬰兒食品，他們會覺得這是食物該有的味道，以後對加工食物和速食也習以為常。然而，如果嬰兒只吃自家製的新鮮無鹽無糖食物，這就會成為他們以後對食物比較的標準。

因為幼兒對營養素要求較高但胃口不大（胃的大小約莫跟拳頭一樣），最好先給予較少量的食物才不會嚇到他們，學習控制食量。別讓幼兒整天吃零食，造成他們對營養的食物沒胃口。典型的飲食模式，應該在早午餐和午晚餐之間各加一份零食，需要的話，睡前再吃一次。

成長期的營養

從出生到青春期之間成長的兒童，需要適當的營養幫助發育。增高期過後經歷短暫的停滯期，再進入增重期。兒童的胃口和營養需求在成長期特別大，提供營養的飲食非常重要。若沒有滿足營養需求，可能不只影響體型，也會出現抵抗力低、沒精神、身心發展遲緩等情形。

兒童需要足量的蛋白質、脂肪、碳水化合物、維生素、礦物質和水份。以下我將介紹每種營養素特別需要注意的地方（良好的攝取來源，請參考 305 頁的附錄）。

熱量豐富又好消化的**碳水化合物**，應當作幼兒主要的熱量來源。碳水化合物需佔攝取熱量的一半，尤其是新鮮水果、蔬菜、澱粉和全穀類等複合碳水化合物。

幼兒從嬰兒時期到學齡前持續快速發育，因此所需要的**蛋白質**量相對其體型來說比較高。肉類、乳品和雞蛋可提供完全蛋白質，包含所有人體需要的必需胺基酸；但植物性蛋白質（如穀類、豆類和堅果）不完全，要多元攝取才能滿足所有的必需胺基酸。

脂肪是幼兒維持正常發育的必要營養素，也是最精華的熱量來源。除非有肥胖、心臟病或糖尿病等家族病史，不應該限制 2 歲前的幼童攝取脂肪。之後，2 到 3 歲的幼童，應攝取每日熱量 30%至 35%的脂肪；4 到 18 歲應佔 25%至 30%。地中海飲食的**多元不飽和脂肪酸**和**單元不飽和脂肪酸**，是最適合兒童的脂肪。

嬰幼兒的快速發育需要大量**維生素**，需求量與體重的比例相較成人來說大得多（例如**維生素 A**、**維生素 D**、**維生素 B_6**、**維生素 B_{12}** 和**葉酸**）。綜合維他命補充錠雖然偶爾可派上用場，但不能當作營養飲食的替代品。維他命沒有蛋白質、纖維質、必需脂肪酸及食物中其他有益健康的物質。

礦物質能調節身體機能及修補組織。**鈣**和**磷**是打造健康骨骼及牙齒最主要的營養素。**鐵質**能塑造健康的血液，滋養逐漸增加的細胞幫助發育。兒童營養狀況的研究指出，鈣和鐵攝取量不足的情形很常見。

兒童需要大量的**水份**，以維持、水合、消化、排泄和成長機能。他們比成人更容易出現脫水的狀況；因此兒童在進行劇烈身體活動時，請提醒他們多喝水。

幼兒階段的好選擇：地瓜、胡蘿蔔、綠葉蔬菜、瑞可達起司、優格、哈蜜瓜、杏桃、魚、毛豆、柳橙、香蕉、酪梨、菠菜、罐裝鮪魚、綠花椰菜、蘆筍、雞蛋、營養強化義大利麵、豆子、豌豆、牛奶和全穀類。

兒童（4 到 8 歲）

4 到 5 歲的學齡前階段兒童，發育速度比嬰幼兒時期緩慢，胃口也比較小。父母可能會注意到孩子胃口變大卻沒長高，這些增加的體重可當作日後抽高的能量。兒童和幼兒一樣，胃口大小捉摸不定。

兒童沒有與生俱來選擇健康飲食的生理機制，大多數都偏愛高脂和含糖的高熱量食物。因此，他們只能從照顧者身上學習健康的飲食習慣。

兒童在童年中後期（5 歲到青春期前）仍會穩定發育，一樣要注重良好的營養攝取，確保孩子發揮最大的成長、發育和健康潛力。

這個階段兒童對食物的態度，主要還是受到父母和哥哥姐姐的影響，雖然同儕和廣告媒體的力量，也許已經開始動搖兒童的選擇。全家人應該一起吃飯，在聊天中學習用餐禮儀，打造並鞏固健康的飲食習慣，讓用餐成為正面的闔家團圓時光。

營養需求

童年和青少年是骨骼發育的黃金時期。教導孩子保持骨骼健康的生活方式，藉由運動、攝取充份的鈣質和幫助鈣質吸收的維生素 D，有助於未來一輩子骨質強健。牛奶是兒童攝取鈣質、維生素 D、蛋白質和其他必需微量營養素的關鍵來源。沒有明確數據指出理想的牛奶及鈣質攝取量，但一天 2 杯應該就夠了。2 歲以上的兒童，請以飽和脂肪量較少的脫脂牛奶代替全脂或低脂牛奶。

除了鈣質之外，也要攝取足夠的鐵質、纖維質、鋅和蛋白質等營養素（良好的攝取來源請參考 305 頁的附錄），事實上，大多數兒童都攝取不足。滿足兒童的蛋白質需求，才能確保有足夠的蛋白質供給組織修復及長高。

地雷食物

- 果汁：果汁含糖量有時甚至比汽水還高。有研究指出，兒童每天喝一杯含糖飲料，出現肥胖的風險會增加 60%。學齡前兒童飲用過量果汁，也可能妨礙身高發育。
- 汽水：汽水的問題和上面提過的果汁一樣。此外，碳酸會抑制人體吸收對身高發育很重要的磷。
- 鹽：小孩開始和全家人吃一樣的食物後，還是不能在他們的食物中加鹽。這個階段兒童的鹽攝取量往往會劇烈增高，以新鮮食材烹調的自炊餐點，鹽含量通常比調理包或加工食物低。
- 加工肉品：未加工的紅肉，比培根火腿熱狗和午餐肉等加工肉品健康（醃漬時使用了亞硝酸鹽和亞硝胺）。對小孩特別有害，可能導致血癌。
- 人工食用色素：兒童可能出現過動情形，某些食用色素有致癌風險。

兒童的好選擇：豆類、加鈣穀片、果乾、豌豆、大麥或燕麥等全穀類、蘋果、洋梨、覆盆莓、香蕉、柳橙、草莓、綠花椰菜、玉米、雞蛋、毛豆、優格、牛奶、起司和羽衣甘藍。

青少年（9 到 18 歲）

青春期前到青春期的階段，會經歷明顯的生理、心理、社交和認知轉變，從兒童發展為成人。劇烈的生理發育，使得熱量、蛋白質、維生素和礦物質的需求同時大幅增加，而這個階段，青少年追求個人化表現的特性，常導致不健康的飲食習慣，例如暴飲暴食或盲從飲食、不吃正餐、亂吃營養補充品，或在沒有父母監督的情況下選擇不健康的食物。

「雖然不喜歡這個食物，但對身體好就應該吃。」類似這樣的話，青少年都已經聽到膩了。改用他們所在意的點來當作誘餌，例如影響外表、精神、運動表現或食物與環境和道德的關係，會是比較有效的做法，雖然我們必須注意青少年在不健康飲食下的長期風險，不過，強調立即明顯的效益，更容易吸引他們選擇營養的食物。

這個階段，要求孩子實行健康飲食確實很困難，但請別放棄，他們都需要優質的營養。舉例來說，營養不足或過瘦，會影響成年後的身高。這時，食物選擇權在孩子手上，家庭的力量可以當作青少年飲食的基礎指南。追尋自我特色的同時，讓孩子發展出正面的行為，遵循健康飲食習慣、參加運動比賽並培養健康生活的興趣。有耐心地維持家人團聚時光，和孩子溝通營養的重要，以身作則，當個好榜樣。

地中海飲食是維持成長中青少年營養需求的絕佳方法。良好的攝取來源，請參考 305 頁的附錄。

營養需求

青春期骨骼肌肉和體脂肪的增加，所需要的熱量和營養，是一生中最高的（活動量、代謝率和成長曲線會影響特定的需求）。

青少年需要的**蛋白質**量比成年人多一點，發育巔峰期（依成長曲線而定）的 11 到 14 歲女性和 15 到 18 歲男性，蛋白質需求量最高。此時，如果蛋白質攝取不足，可能會造成身高發育不良、性成熟延遲、淨體重較少等情形。素食者必須特別注意攝取充足的蛋白質。

鈣質是骨骼主要的組成元素，在青春期攝取足夠的份量，對身體發育相當重要。特別是運動量大的女生，務必要足量攝取，以避免骨折。青春期大約會達到一半的巔峰骨骼質量，鈣質是打造強健骨骼、減少未來骨折和骨質疏鬆風險的關鍵。9 至 18 歲的青少年，建議一天攝取 1,200 毫克的鈣，統計數據指出，青少女的鈣質攝取通常較為不足。

維生素 D 也是骨骼建構的必備元素，青春期必須足量攝取。直接接觸陽光後，肌膚可合成維生素 D，不常曬太陽的人可能因此而缺乏（非裔人種的肌膚製造量也比較少）。青少年缺乏維生素 D 的情形很常見，美國小兒科醫學會建議，一天從飲食中攝取不到 400IU * 的人，應該補充營養品以達到標準。

糖也會影響青少年的心血管健康。一項 2011 年的研究顯示，吃越多糖的青少年，越容易有心血管疾病的風險（好高密度膽固醇減少，壞低密度膽固醇增加，三酸甘油酯也會升高）。

---

* IU 是「International unit」的縮寫，中文譯為「國際單位」，是一種藥學單位，以生物活性來表示某些抗生素、激素、維生素的量。

青少年身高快速成長會增加血量，加上少女初經來潮，更需要補充**鐵質**。雖然少有嚴重貧血，但鐵質不足的情形卻很普遍，尤其是青少女。因此，青少年應該特別注重鐵質攝取，需求量依性成熟程度而定。

葉酸是蛋白質生成不可或缺的成份，青少年的葉酸攝取量經常不足。不吃早餐、不常喝柳橙汁和吃即食營養穀片的青少年，較容易有葉酸值過低的風險。

青春期時的**身體活動**，是骨骼發育的重要角色。比起久坐不動的青少年，進行負重運動（重量訓練）可增加成年後的骨質密度。從事高強度運動的青少年，熱量、蛋白質、水份和特定維生素或礦物質的需求都會增高，但需求量因人而異。以植物性蛋白質為主要來源時，可能需要補充額外的蛋白質。

過重是常見的青少年健康問題，在美國，過去 25 年來，過重青少年的人數增加了 3 倍。這顯然與身體活動量不足、高熱量飲食和飲用過量的含糖飲料有關。研究指出，遵循地中海飲食，有助於青少年維持體重。青少年和所有年齡層的人一樣，都會吃隨手可得的食物，所以請準備好健康的存糧。請參考我列出的「健康地中海零食」（78 至 79 頁），避免以「地雷食物」（56 頁）為原料的零食。

青少年的好選擇：牛奶、起司、優格、罐裝鮭魚、綠花椰菜、羽衣甘藍、蕪菁、毛豆、雞蛋、海鮮、堅果和種籽、豆類、豌豆、扁豆、果乾、菠菜、蘆筍、哈蜜瓜、營養強化義大利麵、肉類。

成人

除非有特別的註明，本書的建議對象均為成人。以下我將簡單討論幾個特別的階段：成年初期、懷孕期、中年及更年期。

青年期

成年初期，許多人從童年老家搬到大學宿舍或展開獨立生活，是個充滿變動的轉換期。三餐料理方式、食材和飲料的選擇、代謝率及身體活動量都可能突然間劇烈改變，通常會導致體重增加。

至於這個階段的營養攝取，請盡量遵循地中海飲食及生活方式的完整建議。讓人有足夠的精神和體力，避免過重或衍生出日後的健康問題。

成年初期的好選擇：方便攜帶的零食，例如堅果、種籽、低脂優格、冷蝦、水煮蛋、起司、香蕉、蘋果、柳橙、葡萄、小番茄、油漬鮪魚、杏桃乾、無花果乾和葡萄乾。

懷孕期

懷孕女性需注意增加營養素的攝取而非熱量多寡，特別是妊娠第一期和第二期。注意懷孕期的飲食口味，會影響肚子裡胎兒的飲食偏好。因此，飲食中涵蓋水果、蔬菜和其他健康食物，特別是生產後到哺乳期間繼續執行，能讓寶寶開始吃副食品時更容易接受健康飲食。這種飲食習慣可能延續一輩子。

孕前、懷孕期、產後及哺乳期的完整營養指南，已超出這本書的範疇。總體而言建議如下：

- 飲食的質比量更重要。
- 懷孕時，**葉酸**、**鐵質**、**維生素** B_{12} 和**碘**等營養素的需求增加。
- 孕期沒有特別建議增加**鈣質**攝取，但懷孕婦女需注意滿足鈣的需求量。
- Omega-3 脂肪酸對胚胎發育格外重要。特別是海鮮裡的 Omega-3 脂肪酸，有助於胎兒的神經系統發育，但必須小心可能含汞的食物。請參考 92 頁的高 Omega-3 脂肪酸低汞海鮮清單。

懷孕期的好選擇：扁豆和其他豆類、綠花椰菜、蘆筍、營養強化義大利麵、哈蜜瓜、雞蛋、營養穀片、果乾、綠葉蔬菜、鮭魚和其他海鮮（包括罐裝鮪魚）、碘化鹽、優格、牛奶和起司。

中年

40 歲

40 歲是家庭責任最重大、職場地位也更關鍵的階段。在忙碌的生活中，找時間做飯是一大挑戰（請見 66 頁和 67 頁省時省錢秘訣）。這時，人可能會開始面對死亡。雖然 40 歲的身體機能略減，但還是建議飲食與生活習慣維持和年輕時一樣，維持健康的生活方式，可以有效地減緩老化。

50 到 60 歲

大多數 50 歲以上的人，還是最重視工作、職業和家庭，但經常會出現健康的問題。這個階段如果忽略健康，可能會造成嚴重的後果。請努力減少生病的風險，別讓對抗疾病成為額外的人生負擔。

這時期因為人體機能略微下降，健康飲食能提升心智敏銳度、增強疾病抵抗力、振作精神、縮短復原時間，還有更妥善地控管慢性疾病。隨著年齡增長，良好的飲食也是影響正面積極情緒的關鍵要素。不管年紀多大，健康飲食永遠不需要節食，而是吃新鮮色彩繽紛的食物，發揮料理想像力，和深愛的親朋好友一起用餐。

中年的營養需求

- **熱量：**年紀越大所需要的熱量越少。活動量降低，肌肉量減少，代謝率也會下降。
- **維生素 B_{12}：**過了 50 歲，因為能幫助食物分解成維生素 B_{12} 的胃酸減少，身體通常會失去吸收維生素 B_{12} 的能力。
- **鉀：**血壓往往隨著年齡逐漸增高。低鈉高鉀的飲食，有助於避免高血壓、降低中風和心血管風險。
- **鹽：**鹽和鈉會使血壓升高，年紀較大者應該少量攝取，多吃含鉀食物以中和鹽的副作用。
- **鈣：**乳製品及其他食品中所含的鈣質對骨骼有益。成年人一天需攝取 1,000 毫克，50 歲以上的女性和 70 歲以上的男性要增加到 1,200 毫克。
- **葉黃素：**為了避免老化造成的眼部肌肉退化及白內障，請從中年開始增加葉黃素攝取。據研究指出，這種營養素也有助於抑制認知退化。
- **纖維質：**纖維質的需求隨著年齡增高。纖維質能維持腸道機能正常運作，降低腸胃發炎及相關疾病的風險。此外，也能降低膽固醇，避免用餐後血糖飆升。

中年的好選擇：菠菜、綠花椰菜、柳橙、帶皮馬鈴薯、牛奶、營養穀片、香蕉、蘋果、洋梨、綠葉蔬菜、葡萄、全穀類、優格、菊苣、蛋黃。

更年期

女性體內雌激素分泌量從更年期（時間因人而異，但大多從 40 歲中期開始）開始減少，直到停經。雌激素變化造成更年期婦女腹部脂肪堆積，心血管疾病的風險大幅增高，並加速骨質流失。更年期婦女的營養建議如下：

- **食用富含鈣質的食物**：例如牛奶，需要的話可以請醫生開鈣質補充錠。
- 攝取足夠的**維生素 D** 可促進鈣質吸收。
- 走路或重訓等**負重訓練**可強化骨骼，保持健康的體重。
- 富含植物營養素的**高纖低脂低鹽飲食**可減緩熱潮紅等更年期症狀，地中海飲食對減緩這些症狀特別有幫助。
- **橄欖油**有助於強健骨骼，是這個階段遵循地中海飲食的絕佳理由。
- **均衡的地中海飲食**能避免更年期肥胖。

更年期的好選擇：茴香、鷹嘴豆、扁豆、蘋果、洋梨、全穀類、毛豆和其他大豆製品、優格、綠葉蔬菜、魚、綠花椰菜、綠葉甘藍、蕪菁。

60 歲以上的銀髮族

老的定義因人而異，身份證上的年齡，和你心中的年齡可能不一樣。在本書中，當我談到老人、銀髮族或長者時，指的是 60 歲以上的族群。對大多數人來說，這個階段的營養需求，不再和一般成人和中年人相同。例如，每日熱量需求從成年初期開始，每 10 年減少 100 大卡，以彌補日益減少的身體活動量和基礎代謝率。更年期後婦女賀爾蒙的變化通常會導致體重增加，脂肪最容易囤積在腹部。身體器官機能衰退，造成咀嚼和吞嚥變困難，常發生便秘和憩室炎等腸胃毛病。

從遵循地中海飲食的老年人研究中發現，開始健康飲食並延長壽命永遠不嫌晚。以下是幾個特別的效益：

心血管健康：針對老人所做的研究顯示，地中海飲食可減少心血管疾病的風險因子，也能緩解患者的病情。研究結果一再地指出，長者越嚴格執行地中海式飲食，心臟病的發作率和住院頻率越低，病況好轉的比較快，也不容易復發。

癌症：許多研究的結果指出，地中海飲食可避免銀髮族罹患某些癌症。

心理健康：觀察可見，地中海飲食能降低阿茲海默症的發病率，提升長者的認知表現，減少憂鬱症情形。

骨骼肌健康：研究指出，地中海沿岸骨質疏鬆及其造成的骨折發生率，是全歐盟最低的。執行傳統的地中海飲食可提高骨骼中礦物質密度，減少骨折的風險。近期的一項研究發現可能是因為橄欖油的攝取。地中海飲食也能改善類風溼性關節炎。

眼睛健康：地中海飲食可避免常見老年人眼疾的起因。澳洲研究證實，每週至少攝取 100 毫升橄欖油的人，發生黃斑部病變的機率，比每週攝取不到 1 毫升的人少一半。

延年益壽：研究指出，越嚴格執行地中海飲食的人壽命越長。例如，針對執行地中海飲食 10 年的 70 到 90 歲男性的一項研究，證實地中海飲食和健康的生活方式可減少一半的死亡率。有趣的是，這種避免死亡的保護性效益，對 55 歲以上的人更有效。

隨著年齡增長，營養扮演的角色也會改變。飲食不只是避免未來疾病和維持體重的方法，也開始比過去更能影響日常健康和生活品質。健康代表有精神和能力自在地做自己想做的事，掌握自己的生活越久越好。換句話説，當身體開始退化，良好的營養可延年益壽，活得更精采。基本上，銀髮族應該：

- **食用營養豐富的食物。**
- **常吃高纖食物。**
- **多喝水**和其他低糖飲料。
- **吃營養強化食物或補充錠，以獲取足夠的維生素 D 和 B_{12}。**
- 攝取橄欖油和魚、堅果內的油脂等**健康脂肪**。
- **吃健康的碳水化合物**（例如全穀類）以維持體重，讓胰臟休息（糖尿病代表胰臟的胰島素分泌失調）、舒緩腸道運作，攝取的每一卡熱量，盡量包含最多的健康營養素。
- **確保足夠的蛋白質攝取。**老人蛋白質經常攝取不足，造成肌肉及骨骼衰退，削弱免疫系統並延長傷口復原時間。
- **少吃甜點**以減少空熱量的攝取。

營養需求

地中海飲食可以讓這個階段的人生變得最健康。基本上老年人吃的比較少，所以需要營養密度更高的食物。因為食量減少，體內吸收及代謝功能的改變，需要特別留意某些營養素需求。最常見的問題是維生素 D、B_{12}、E、K、葉酸、鈣、鎂和鉀攝取不足；維生素 A 和鐵攝取過多。以下將詳細介紹，良好的營養來源，請參考 305 頁的介紹。

維生素 D：很多老人缺乏維生素 D，需要特別注意。維生素 D 可促進鈣質吸收，避免骨骼變脆弱。長者肌膚合成維生素 D 的能力降低，又不常到戶外曬太陽，服用的藥物也可能影響代謝。

維生素 A：很多老人攝取過多的維生素 A，進而損害肝臟功能。維生素 A 過量會導致掉髮、肌膚乾燥、反胃、易怒、視線模糊或衰退。食用胡蘿蔔或地瓜等富含維生素 A 的食物要留意。跟維生素 A 一樣，年長者比年輕人的身體更容易儲存鐵質。鐵質過量會造成氧化作用，需要多攝取抗氧化物來避免，盡

營養補充品

雖然原則上還是建議從健康飲食來獲取必要的維生素和礦物質，但有時候，老年人靠營養補充品可能會對身體健康更有幫助。需求量依個人飲食、健康狀況、疾病風險和現行服用藥物而定，請諮詢醫生後服用。

可能控制營養穀片和紅肉等富含鐵質的食物攝取量。

維生素 C：建議多攝取維生素 C，有助於避免骨質流失，具抗氧化作用，需要時也能促進鐵質吸收。

銀髮族的普遍營養課題是要小心掌握平衡，老人更容易同時出現營養不足和過量的情形，都可能導致健康問題。舉例來說，年紀越大，鈣質吸收能力越差，但鈣質過多會產生腎結石；老年人經常服藥，也會影響身體的營養素運用。因此，健康飲食及對個人營養狀態的了解，這時候顯得更加重要。

銀髮族的好選擇：陽光、魚、黃豆、鮭魚、罐裝鮪魚、堅果和種籽、全穀類、綠葉蔬菜、優格、起司、香蕉、柳橙、哈密瓜、葡萄乾、豆類、南瓜、菠菜、綠花椰菜、黑糖蜜、黑巧克力、橄欖油、球芽甘藍。

一輩子的地中海式生活習慣

除了飲食，每天的生活方式，對身心靈也有深遠的影響。地中海式生活習慣，可讓這輩子的健康、生活品質和身心更美好。

每日身體活動

規律的身體活動，可將重大慢性疾病的發生率減低一半，有助於提升過去久坐不動老人的認知表現，保持整體的心理健康。兒童每天至少要活動一小時，一週至少三次劇烈運動。成人每天至少要擠出半小時做點輕鬆活動，一週至少 150 小時（或 75 分鐘劇烈運動）。長時間坐著的人，至少每小時要起來走動一下。

體重控制

過重會嚴重影響身體各系統運作，請維持健康的體重。若有過重情形，減個幾公斤也有顯著的效果。腰圍是評估健康體重最好的標準，可測出最危險的腹部脂肪量。任何病人開始遵循地中海飲食後卻體重控制失敗的案例，我從來沒聽過。

人際網路

家人永遠在一起！世界各地人瑞分佈的地區，包括我的地中海老家，都最重視家人。研究指出，常有各種社交互動的人活得比較久，無論是和配偶、親人、朋友、社團活動或參與志工。社交活動能減少壓力，提供各種必要的協助。好好拓展人際網路，一輩子都受用。

飲食活動

小時候，我們總是待在廚房裡，坐在餐桌旁，煮飯吃東西。飲食活動是我們生活的基礎，提供社交互動，讓大家團聚在一起。理智地選擇食物並仔細品嚐，而不是漫不經心地攤在沙發上看電視吃零食。

抒發壓力

現代人面對排山倒海而來的壓力－忙碌的行程、工作壓力、交通堵塞、環境污染等等，人體也因此持續保持警戒。長期壓力反應系統的活動，造成皮質醇和其他賀爾蒙過量，影響所有的體內機能。從事休閒活動和充足的睡眠，有助於抒發壓力。

陽光

人體肌膚受陽光照射後會製造維生素 D，可強化骨骼、打造健康的身體機能和預防癌症（特別是大腸癌）、心血管疾病、自體免疫失調等慢性病。北半球的居民、非裔人種、兒童和老人最容易缺乏維生素 D。從富含油脂的魚、營養牛奶和穀片等食物中可獲取維生素 D。每週至少曬兩次太陽（不要擦防曬乳），一次 10 到 15 分鐘。

充足的睡眠

人體的修復機制都在夜晚進行，所以熬夜會影響體內各器官運作。睡眠不足也會讓壓力賀爾蒙皮脂醇值升高，造成組織性感染，衍生其他疾病及體重增加。嬰兒一天至少要睡 17 小時，幼童 10 到 14 小時，小學生到青少年 8 到 11 小時，成年人 7 到 9 小時。大多數 65 歲以上的長者也需要 7 到 8 小時的睡眠。年紀大了，每晚需要的睡眠時間會少 1 小時（也別多睡），但睡眠變得更重要。

地雷食物

如果正餐和零食都遵循地中海飲食，大概也沒什麼胃口吃不健康的食物。別吃太多以下列出的地雷食物，削弱地中海飲食的效益，傷害身體健康。

反式脂肪

問題：反式脂肪會提升壞低密度膽固醇和三酸甘油酯濃度，抑制好高密度膽固醇，讓血脂組成變得極糟糕，造成糖尿病、心臟病、組織性發炎等疾病。只要產品成份中每份的反式脂肪量低於 0.5 克，製造商也可以標示為「零反式脂肪」；但經常食用就會累積在體內。

注意：市售的加工食品（請注意標示上的「半氫化油」），例如餅乾、糖霜或蛋糕預拌粉、罐裝沙拉醬、冷凍即食品、微波爆米花、現成餅乾麵團、布丁、牛肉乾、冰淇淋、三明治、甜點、植物性鮮奶油、餐廳的炸物、酥油、派皮、乳瑪琳。

飽和脂肪

問題：飲食中，過量的飽和脂肪會讓血脂升高，也就是說心血管疾病等症狀的風險會增高。某些飽和脂肪是無害的，但對健康沒有益處。

注意：紅肉和其他動物性脂肪，奶油、起司、鮮奶油裡的乳脂，棕櫚油。

過量的 Omega-6 多元不飽和脂肪酸

問題：Omega-6 脂肪酸基本上有益於心臟健康，特別是當作飽和脂肪的代替品，並搭配均衡攝取大量的 Omega-3 脂肪酸。然而，Omega-6 脂肪酸過量會引發疾病。

注意：禽類脂肪、玉米油、芥花油、芝麻油、大豆油、葵花油及使用這些油的加工食品。

高脂乳製品

問題：全脂乳製品的熱量、飽和脂肪和膽固醇含量較高，相較於低脂乳製品來講，幾乎沒有任何營養好處。所以大多數飲食指南及醫學研究，都建議食用低脂或脱脂乳製品。

注意：起司、冰淇淋、奶油、全脂牛奶。

加工肉品

問題：高鹽高硝酸鹽類的加工肉品，比起未加工紅肉，更容易引起成人的心臟病、糖尿病和胰腺癌；也與兒童跟青少年的過動症狀有關。

注意：培根、醃香腸、肉乾、午餐肉、義大利臘腸、辣味香腸、熱狗。

其他地雷食物

過度烹調的肉類：會產生毒素。

過多的蛋白質（特別是動物性蛋白質）：增加 65 歲以下的人死於癌症及其他疾病的風險。

精緻碳水化合物：纖維和營養素都被去掉了，剩下徒有空熱量的澱粉。精化過程也常使用不健康的原料。

過多的糖：與心臟病、失智症、發炎等嚴重的疾病及過重有明顯的關係。

過多的鹽：讓血量增加，造成高血壓及心臟額外的負擔。

殺蟲劑：可能有致癌成份，小孩特別危險。

危險的食品添加物：現代的食品工業使用了 1 萬種以上的食品添加物，只有 1,500 種通過認證。請參考公共利益科學中心網站最新公布的資訊（www.

cspinet.org）。

速食：通常包含以上列出的所有地雷。

不受年紀和預算限制的地中海飲食

對大多數人來說，開始把地中海飲食融入生活中很簡單。多元的菜色能滿足所有人，發揮創意、做出自己喜歡吃的東西更輕而易舉。地中海的料理方式不會讓人覺得健康飲食有什麼損失，而是滿足又陶醉的享受。

然而，某些人要遵循地中海飲食可能會碰到困難，比如說改掉不健康的陳年習慣。這一章將討論克服常見障礙的辦法，例如少吃肉、找到垃圾食物的代替品、地中海飲食省錢秘訣、不必依賴即食品也能快速烹調的技巧，以及讓孩子嘗試並喜歡地中海飲食的方法（其實沒想像中那麼難！）。改變習慣只有起頭難，之後就會成為日常新生活的一部份。

改變飲食習慣及偏好的 7 個步驟

1. **記錄一週間每天吃的食物。**從記錄中，你可能會很驚訝自己不經意地吃下這麼多垃圾食物和飲料。

2. **循序漸進，慢慢改變。**逼自己立刻全盤改變的結果不會持久，要一點一滴地在飲食中加入健康食物。舉例來說，在絞肉中拌入蔬菜，以減少肉類的比例；使用富含植物性蛋白質和纖維質的食材，搭配全穀類增加飽足感；用肉類來調味，不要讓它成為一餐的主角……等，上述這些，都是減少肉類攝取的好方法。乳製品也一樣，我們可以逐漸減少乳製品的脂肪量，從高脂產品換成低脂或脫脂。人對鹽的口味喜好，其實比你想像的更容易改變，只要慢慢減少鹽量，避免加工食物，也可以大幅降低鹽的攝取，可以嘗試氯化鉀等鹽的代替品，減少氯化鈉（精鹽）帶給健康的不良副作用，不過，腎衰竭、心臟病、糖尿病或服用特定藥物的人，需在醫師指示之下，才能使用代鹽。

3. **保持耐心**。研究指出，人越常吃某樣食物就越喜歡，慢慢會改變飲食偏好，對不健康食物的渴望也會消失。味覺是直覺，也是習慣。

4. **嚐試新食材**。嚐試沒吃過的水果、蔬菜、全穀類、堅果、種籽和海鮮，拓展健康的飲食選擇。

5. **把喜歡的食譜變健康**。以魚或去皮雞肉，甚至豆類或蔬菜代替牛肉。奶油換成橄欖油，小火慢炒代替煎炸。一大把起司變成輕輕灑上點綴，奶油醬換成茄汁醬。以此類推，發揮你的創意。

6. **增加水果的攝取量**。把水果加進穀片、優格或沙拉裡一起吃，當成零食或甜點。

7. 選擇當季、本地生產的食材，或自己種。味道更棒，也更有趣。

讓孩子接受地中海飲食的方法

給孩子嘗試。只要他們願意試試看，這場仗就打贏一半了，對父母來說肯定是好消息。地中海飲食中有些食材的味道比較強烈，可能不適合孩子，不過沒關係，其他的食材多的是可以吸引孩子的美味。這些營養豐富孩子又喜歡吃的食材，包括：酪梨、綠花椰菜、糙米、起司、雞蛋、鮭魚或鱈魚等味道清淡的魚、腰豆、優格、義大利麵、堅果或種籽醬、馬鈴薯、禽類、花枝和地瓜。水果天然的甜味，是讓孩子開始健康飲食的絕妙方法。

盡早開始給孩子吃營養的食物。地中海飲食最好從懷孕就開始，媽媽吃的食物味道會反應在羊水裡，影響寶寶味覺喜好的發展。日後建立在這個偏好基礎上，嬰兒吃的東西延續到兒童時期的選擇，孩子年紀越大越難改變。

我小時候沒有滿坑滿谷的罐裝現成嬰兒食品，我們都吃和大人一樣但壓成泥狀的食物。我太太也這樣養育我們的小孩，他們開始能吃副食品後，她就把桌上的菜色倒進食物調理機打碎餵他們吃。所以我們都不挑食，我的孩子和我一樣，從小就喜歡吃蔬菜跟水果。這種熟悉感成為我們的療癒食物。對義大利小孩來說，地中海飲食就是他們最愛的療癒食物。讓孩子開始吃地中海飲食，永遠不嫌晚。

保持耐心。孩子不喜歡沒吃過的食物，這很正常，然而，如果慢慢讓他們接觸新的味道，就會越來越熟悉。研究顯示，孩子吃 5 到 10 次後，就會喜歡上新的食物，所以溫和的堅持是關鍵。如果都給他們一樣的東西，就不會發掘新食物的美好。

在正向的氣氛中學習效果最好，讓嘗試新食物成為日常生活的一部份。別吝嗇於讚美孩子的好選擇或好習慣，例如：「我喜歡你選了這個水果當點心」或「你學會選擇健康的食物真是太棒了」。（特別提醒：不要讚美他們吃了很多，這可能會造成日後飲食過量。）給孩子貼紙、彈珠、說故事時間等非食物獎賞也不錯，先從吃東西好寶寶獎開始吧。

增加樂趣。我喜歡幫孩子把水果削皮切片，讓他們自己擺成喜歡的圖案。市面上也有把蔬菜切成鋸齒狀、螺旋狀、花形或其他形狀的工具。當孩子被這些有趣的東西吸引時，比較容易培養出好的飲食習慣，不會注意到自己吃的是健康食物。

讓孩子動手。即使小孩才 2、3 歲，讓他們參與越多料理過程，以後對營養就越有概念。

孩子喜歡吃自己挑選和製作的食物，邀他們到廚房，做他們的年紀可幫忙的事。一起去農夫市集挑選晚餐的菜色，或選擇一種健康的食材，想想能煮成什麼菜。如果他們不喜歡某種食物，問他們覺得怎麼做能變得更好吃。

教孩子飲食營養。孩子 2 歲左右就知道什麼是好壞，3 到 4 歲就分辨得出健康和不健康的食物，並理解背後的原因。晚餐時間和孩子聊聊健康的食物選擇，可以讓孩子了解父母重視飲食營養，讓孩子也跟著重視。超市是很好的教學地點，帶他們認識不同的食物，並回答他們的問題。當孩子想買不健康的食物或飲料時，利用機會教導他們如何當一個明智的消費者。也可以給他們一點錢挑選健康食材，再討論他們的選擇。

隨手可得的健康食物。父母是掌控家中食物種類的人，大家有什麼就吃什

好玩的食物遊戲

最……的人：誰的青豆最長？拿到最短青豆的人就要吃掉。

猜猜我是誰：這是什麼？你吃到什麼味道？

脆脆比賽：誰咬的最大聲？這有多脆？

蔬果區配色任務：分配每個孩子 1、2 種顏色，叫他們找出符合的蔬果。

彩虹大挑戰：誰的餐盤裡有最多顏色的食材？

蔬果連連看：找出蔬果的生長方式，例如：葡萄、番茄、奇異果、哈密瓜長在藤架上。胡蘿蔔、馬鈴薯、洋蔥、甜菜根、花生在土裡。橄欖、蘋果、洋梨、櫻桃、香蕉、柳橙、葡萄柚、桃子、椰子、檸檬、芒果、李子、酪梨、番石榴、可可豆在樹上。玉米、球芽甘藍、鳳梨是莖。朝鮮薊是花。蘆筍、芹菜、韭蔥從土裡長出來。藍莓、覆盆子、蔓越莓是灌木植物。

對付挑食小孩的建議

- 蔬菜切成絲或丁**加入**喜歡的食物中。在軟起司或抹了奶油乳酪的麵包上灑胡蘿蔔絲，義大利麵拌入櫛瓜丁，或把櫛瓜絲加到鬆餅糊裡。
- 蔬菜**炒熟**比生吃甜。
- **實驗**不同的口感和味道。試試不同形狀的義大利麵，胡蘿蔔可以削絲或切丁、煮熟或當嫩蘿蔔生吃。如果孩子不喜歡吃綠花椰菜，可以煮熟壓成泥或做成濃湯。
- 和孩子一起**打果昔**，讓他們挑水果，再邊做邊調整，設計出他們喜歡的味道。
- 給孩子**選擇權**，但僅限於挑選某些特定的蔬菜或水果。
- **烘焙**有蔬菜的點心，例如南瓜馬芬或胡蘿蔔麵包。
- 給孩子食物時**不要特別強調**健康，他們只想要吃好吃的東西。
- 用餐一開始，最餓的時候，給他們嘗試新食物。
- 變化帶給孩子**驚喜**。早餐可以變晚餐，或晚餐當早餐。挑食的孩子想吃的話會吃得比較多，新鮮感讓飲食更有趣。
- **做個「試吃」表格**，列出他們吃過的食物名稱或圖片，讓孩子加上笑臉、哭臉或自己決定的表情，代表他們的感覺。
- **記得**小孩的胃口比較小，除非體重過輕，別逼他們在不餓的時候吃東西。

麼。別期待孩子或自己有堅強的意志力，大部份人都沒有。如果家裡沒有洋芋片，孩子肚子餓，看到流理檯上有一籃蘋果，你就打贏這場健康點心戰了。至於正餐，只要家裡準備好健康食材，就可以快速地做出一頓美味的健康大餐（請見 74 頁的「必備食材」）。

扮黑臉是為了孩子好。有時候適合好言相勸，有時候可以協商，有時候不得不扮黑臉。有個病人總是跟我說他們的孩子很挑食，孩子說：「我不想吃。」父母就摸摸鼻子答應了。「除了雞塊，我的孩子什麼都不吃！」他們這麼說。孩子會故意挑戰極限：他們知道父母很難拒絕孩子。

當小孩說「爸爸，我不喜歡這個」的時候，我會用對他們最有效的方法鼓勵他們。比如說，我兒子想要變成強壯的大人，我就會用「吃了這些就會變壯」這樣的話來回答他。我女兒想要長大後變得跟媽媽一樣高窕，我也會用相似的話術來鼓勵她。

孩子想跑得更快？足球踢得更好？不想被同學嘲笑？必須先知道孩子最在意的是什麼，再順勢鼓勵他們。

我女兒有一段時間只願意吃義大利白麵，我們堅持不同意，過了那個時期就沒事了。

青少年階段的我，也經歷過這種時期。我決定不喜歡義大利雜菜湯，那是我媽常做的一道菜，裡面有滿滿的小水管麵（ditalini）、各種蔬菜和白腰豆；我非常討厭這道菜。但我媽沒有幫我做別的食物，肚子餓了就得吃。因為她的堅決，最後我又喜歡這道菜了，現在還是我的最愛之一。父母不能對孩子言聽計從，這樣會剝奪他們嘗試及喜歡各種健康食物的機會。

不要強制禁止甜食。研究顯示，不讓小孩吃某些食物，只會增加他們對那些食物的欲望。教導孩子水果和蔬菜這些健康食物是「可以常吃」的「綠燈食物」（如果他們年紀夠大，甚至不用經過父母同意就能吃）；而糖果、汽水、餅乾、甜穀片則是「偶一為之」的「紅燈食物」，偶爾吃的時候必須問過父母。

不要強制禁止的建議，對青少年更有效，嚴格的飲食規定會造成反效果。這個年齡層孩子常常不在家，讓父母更難掌控。所以，在家裡培養好的飲食習慣顯得更重要，在外面偶爾吃個速食沒什麼關係。別擔心，等他們長大就會回來了。

當一個好榜樣。孩子的價值觀通常藉由外界同化而建立，如果想改善他們的健康飲食習慣，最好的方法是父母以身作則。「照我説的做就對了，別管我做什麼。」這樣的觀念往往是行不通的。

研究顯示，父母本身的健康習慣，對孩子有深遠的影響。常吃水果和蔬菜的父母，教養出來的孩子也比較常吃。舉例來説，如果父母都不吃蔬菜，又告誡孩子要多吃，他們反而會吃得更少。健康吃、多運動、展現自己對健康生活方式的喜愛，讓孩子向你看齊。

地中海飲食省錢秘訣

- 儲存好經濟實惠的必備健康食材（注意包裝產品的標示，確認裡面沒有討厭的添加物）：地瓜、花生醬、燕麥（燕麥粒或燕麥片最好）、糙米、鷹嘴豆、罐裝鮪魚、乾豆類、罐裝玉米粒。
- 選購當季的蔬果比較便宜。本地生產的農產品少了運輸和儲藏費用，也會反應在售價上。

- 將當季的蔬果冷凍供以後使用，或在非產季時買超市的冷凍蔬果。
- 罐裝蔬果雖然不是最好的選擇，還是有營養，也比新鮮的便宜。注意罐頭裡的汁液，可能含鹽或含糖，最好先沖洗過再使用。
- 昂貴的特級初榨橄欖油用在冷盤或熱菜最後的調味，加熱會讓抗氧化物流失，降低營養價值。可用精化橄欖油或葵花油烹調。
- 攝取良好的脂肪、蛋白質、纖維質和多喝水，可以維持比較久的飽足感，就不會買那麼多食物和零嘴。
- 把罐裝鮪魚、鮭魚和鯖魚做成三明治、沙拉或義大利麵，是在飲食中加入魚類的省錢好方法。
- 買越少越省錢：少買或不買含糖飲料、牛肉、洋芋片、冰淇淋、甜甜圈、汽水、加了三大匙糖漿的拿鐵等等。

省時秘訣

全世界都一樣，越來越流行快速的單人餐點。即食品隨處可見，為了方便而犧牲健康。學校和公司中午休息，讓大家回家慢慢吃一頓現做的家庭午餐，是義大利人從以前到現在依然延續的傳統。我鼓勵大家盡量花時間和親朋好友烹調並分享餐點，我的食譜大部份都快速又簡單，以下將介紹在緊湊的時間下減少準備步驟的訣竅：

時間就是金錢（採購秘訣）

- 選擇品質優良的食材，例如新鮮漁獲、冷壓初榨橄欖油、聖馬爾扎諾番茄，讓這些食材的絕佳美味發揮作用。
- 馬上清洗新鮮水果和蔬菜備用。
- 選購冷凍莓果，隨時有健康水果可享用。
- 買單人份的小包堅果或種籽當緊急零嘴。

- 買現成烤雞（注意使用的油）。
- 買冷凍切丁或罐裝的蔬菜。

大份量料理（事先規劃好就很簡單）

- 事先規劃每週的菜單，一次買齊食材（保鮮期限較短的食材要先吃）。
- 只要有魚或瘦肉，不需要太複雜的烹調。用冷壓初榨橄欖油加一點鹽和胡椒，就可以做出超美味的一餐。
- 冷凍庫是你的好朋友：製作濃湯、醬汁、麵包等大份量的菜色，分裝成每餐的份量冷凍，需要時解凍即可。
- 烤好隻雞或火雞，冷凍後切片真空封裝，需要時就可以拿出來食用，或冷凍備用。
- 一盤搞定一餐，例如用脫脂牛奶綜合蔬菜和低脂起司做歐姆蛋（不只可以當早餐吃）。

第二章　簡單吃

Mangiare Semplice

CIPRIANI
CIPRIANI
CIPRIANI
ALTA VALLE SCRIVIA
TROFIETTE
DE CECCO
Linguine Fini
DE CECCO
Linguine Fini
DE CECCO
Linguine
DE CECCO
Linguine
DE CECCO
Linguine
DE CECCO
DE CECCO
Bucatini
DE CECCO
Bucatini
DE CECCO
Bucatini
DE CECCO
DE CECCO
DE CECCO
DE CECCO
DE CECCO
PASTA DI SEMOLA DI GRANO DURO
Pasta
Setaro
Torre Annunziata
(Napoli)
Antica
Antica
Antica
Antica
ITALIAN PEELED
STRIANESE
Organic
TOMATOES
RIENZI
RIENZI
Nutrition Facts
KIRKLAND
ORGANIC
TOMATO
PASTE
OLIVE OIL

適合全家人的食材櫃

「要做出好食物，得先有好食材。」這是地中海飲食重要的原則之一。造就地中海飲食健康美味特色的一大重點，就是用新鮮食材料理，越新鮮越好。但是，在做菜的過程中沒有浪費到食材，有時並不容易，關鍵在於得有豐富的存糧可選擇（無論是新鮮或保存期限較長的包裝食材），以及做一點事前規劃。

義大利人每天都上市場，把採買當作頭號任務，也是固定的行程。在其他地方每天採買可能不太方便，但我建議盡量這麼做。除了新鮮度，一次採買比較少量的食材也能保持冰箱整齊。打開冰箱時激發料理靈感，比較不容易忽略快壞掉的食物（也能省錢）。我每天都買新鮮的麵包，一到兩天買一次魚。我會特別挑選當日最新鮮的漁獲，搭配需要的新鮮香草或蔬菜做成一餐。比如説，今天我去找魚販時聽説鯧鰺剛到貨，所以我決定配新鮮的寬扁麵當作晚餐。我喜歡嘗試新食譜，但每日菜單的靈感都來自當天買到的海鮮或蔬菜。

我採買不易腐壞食材的時間間隔比較久，三天買一次紅肉或雞肉，四到五天買一次蔬菜水果或其他新鮮食材。香草植物一週汰換一次，胡蘿蔔、芹菜和球芽甘藍是常備品，至少可以擺一到兩週。

手邊該有的食材

花一點時間好好準備食材櫃和冰箱，運用手邊這些食材就能快速地做出一道美味的餐點。雞肉或魚肉只要以橄欖油、鹽、黑胡椒烹調，再擠點調味的檸檬汁就很好吃。現撈的鮮魚，加上南義大利或希臘產的香醇特級初榨橄欖油，再來點現磨海鹽和黑胡椒，五星級美食就能輕鬆地出現在家庭餐桌上。試試以下這些我最愛的食材，進一步找出你家的最愛。

將這些食材儲存到你的冰箱裡

海鮮和肉類

- 妥善保存的新鮮海鮮（92 頁將詳細介紹）
- 瘦肉
- 家禽類

新鮮蔬果

- 朝鮮薊
- 嫩菠菜
- 綠花椰菜和甘藍菜苗
- 球芽甘藍
- 胡蘿蔔
- 白花椰菜
- 芹菜
- 黃瓜
- 茄子
- 茴香
- 羽衣甘藍
- 菇類
- 洋蔥和馬鈴薯（夏天時我會冷藏保存，延長保鮮期）
- 櫻桃蘿蔔
- 紅椒、黃椒和青椒
- 生菜
- 青蔥
- 菠菜
- 牛皮菜
- 櫛瓜

新鮮水果

- 藍莓
- 葡萄柚
- 葡萄
- 檸檬
- 萊姆
- 柳橙
- 桃子（太生的我會放室溫催熟再冷藏）
- 草莓

醬料

- 茄子醬
- 鷹嘴豆泥
- 橄欖醬（190 頁）
- 黃瓜優格醬（299 頁）

新鮮香草

- 羅勒
- 蒔蘿
- 平葉巴西利葉
- 薑
- 薄荷
- 奧勒岡
- 迷迭香
- 鼠尾草
- 百里香

香草小花園

自己種新鮮香草，品質優良又便宜到不行。從晚秋開始到冬天，可以種在有陽光的室內窗台旁邊，奧勒岡、蝦夷蔥、薄荷、迷迭香和百里香等香草特別適合。

乳製品

- 雞蛋
- 菲達起司
- 帕馬森起司絲
- 低脂牛奶
- 低脂優格
- 瑞可達起司

常備品

橄欖
花生醬和其他
（不含反式脂肪的）堅果醬
番茄汁或其他果汁
（例如葡萄柚汁和柳橙汁）

甜食

（不含糖的）果醬

將這些食材儲存到你的冷凍庫裡

玉米
蠶豆
義大利餃之類的冷凍新鮮義大利麵
打果昔用的冷凍水果
自製雞湯（不加麵條冷凍）
自製肉丸
自製義式雜菜湯
（不加麵條冷凍，加熱時再放）
自製青醬
豌豆
四季豆

將這些食材儲存到你的食材櫃裡

常備品

麵包粉（調味和無調味，傳統及日式麵包粉）
魚罐頭（橄欖油漬鯷魚、沙丁魚和鯖魚）
庫斯庫斯
大麥仁
扁豆和其他豆類
早餐穀麥粉
瑪薩拉酒
燕麥（燕麥粒或燕麥片）

- 各種形狀和大小的義大利麵
- 大量的橄欖油
- 藜麥
- 紅白酒
- 米（糙米、長米和野米）
- 全麥麵包和義式麵包（我喜歡巧巴達和有脆皮的義式麵包，口感酥脆不會太軟爛。吃不完的請收進紙袋裡保存，最好當天食用完畢）
- 全麥麵粉

香料

- 黑胡椒
- 乾燥香草（奧勒岡、迷迭香、鼠尾草、百里香、月桂葉）
- 茴香籽
- 香料粉（凱宴辣椒、肉桂、薑、孜然、紅椒）
- 地中海海鹽
- 辣椒片

醬料和調味料

- 濃巴薩米可醋*
- 酸豆
- 蛤蜊汁
- 第戎芥末醬
- 辣根
- （低糖）番茄醬
- 醬油
- 高湯（蔬菜和雞骨口味）
- 塔巴斯科醬
- 醋（紅酒醋、白酒醋、巴薩米可醋）
- 伍斯特醬

罐頭食物

- 豆類罐頭（白腰豆、紅腰豆、利馬豆、鷹嘴豆）
- 含鹽番茄罐頭（全顆番茄、番茄丁、碎番茄）

---

*在食譜中運用濃巴薩米可醋（又稱巴薩米可醬），味道比巴薩米可醋更濃郁。超市裡買得到，也可以自己做，將1/4杯巴薩米可醋倒進小鍋，中火加熱濃縮到剩一半的份量（變成楓糖漿般濃稠的質地，太稠的話加一點水）。倒進密封容器室溫保存。

美味的地中

如果你喜愛甜食，試試這些

- 新鮮水果（尤其是當季盛產的品種）和果乾
- 洋梨片沾杏仁醬
- 幾片黑巧克力配一條低脂起司
- 香蕉冰淇淋—香蕉剝皮切小塊，放在盤子上冷凍 1 到 2 小時，再用果汁機打成冰淇淋般的質地
- 自製果昔（綜合冷凍水果，喜歡的話加點優格，或幾滴果汁增加甜味，請參考 116 的食譜）
- 綜合堅果酥片（286 頁）
- 香蕉、覆盆子或草莓佐黑巧克力，可以微波融化巧克力當沾醬
- 快速水果奶酥－莓果、洋梨或蘋果淋一點楓糖漿和少許肉桂粉，放進烤箱烤軟（微波爐也行），趁熱灑上穀片、燕麥片或堅果

海式點心

如果你喜愛鹹點，試試這些

- 堅果（杏仁、核桃、開心果）和種籽（南瓜籽、葵花籽）
- 橄欖
- 15 公克的帕馬森起司淋 1 小匙的巴薩米可醋
- 一片淋了橄欖油的全麥土司
- 橄欖油帕馬森起司烤櫛瓜片
- 烤全麥口袋脆餅或新鮮蔬菜沾鷹嘴豆泥、莎莎醬或黃瓜優格醬（299 頁）
- 番茄丁拌新鮮羅勒、萊姆汁、鹽和黑胡椒
- 1 杯小番茄拌 28 公克碎菲達起司，再淋上橄欖油
- 灑了粗鹽的清蒸毛豆
- 羽衣甘藍脆片（切掉粗梗的葉片平鋪在烤盤上，淋橄欖油並灑鹽，以攝氏 180 度烤 10 到 15 分鐘。烤前可加帕馬森起司粉、辣椒片或甜椒粉提味）
- 剩下的自製義式雜菜湯（151 至 154 頁）
- 以橄欖油和少許海鹽烘烤的自製地瓜片

酸黃瓜

- （油漬）日曬番茄乾
- 番茄醬
- 番茄糊
- 備用的各種罐裝蔬菜（不含糖、鹽和玉米糖漿等添加物）

果乾

- 杏桃乾
- 櫻桃乾
- 蔓越莓乾
- 椰棗
- 無花果乾
- 黑棗乾
- 葡萄乾

堅果和種籽

- 杏仁
- 腰果
- 松子
- 開心果
- 葵花籽
- 核桃

甜食

- 黑糖
- 黑巧克力
- 蜂蜜
- 白糖

新鮮蔬菜

- 酪梨
- 大蒜
- 洋蔥（西班牙洋蔥、維達麗雅洋蔥、紫洋蔥）
- 薯類（地瓜、紫薯、馬鈴薯）
- 地瓜
- 番茄
- 蕪菁

新鮮水果

蘋果
香蕉
洋梨

必備廚具

新鮮優質的食材，更需要好用的廚具，來讓食物變得更出色。「工欲善其事，必先利其器。」擁有正確的器具，並了解使用方法，就能更順利地做菜了。

主廚刀—一般常見的尺寸有 6 吋、8 吋或 10 吋，依你手掌的大小來選定，握起來舒服是最重要的，主廚刀是用途最廣的刀，可切肉類及蔬菜、堅果和香草。（1 吋等於 2.54 公分。）

菜刀

麵團刮刀

壓蒜器—我在廚房裡的最佳拍檔！選一個可以壓碎帶皮大蒜及放進洗碗機清洗的產品。

刨絲器—我喜歡有握把的金字塔型刨絲器。

廚用剪刀—可以輕鬆拆解的剪刀清洗比較方便。

磨刀器—保持刀鋒銳利使用起來比較輕鬆、快速且安全。每次用刀前，我會先拿手持磨刀棒磨一磨。每週我會把所有刀具以電動磨刀器磨一次，每季拿去給專業磨刀師保養。

湯勺—選擇頂端彎曲的湯勺，方便掛在鍋邊不會掉下去。

檸檬榨汁器

菜夾—選擇有防滑握把、前端為鋸齒狀的產品夾得比較穩。

切片器

肉鎚

金屬鍋鏟

Microplane 研磨器—用於磨檸檬皮屑之類的細絲食材。

生蠔刀

削皮刀— 3 到 4 吋長的刀片掌握度較佳，可用於削皮、切片、雕刻水果、切碎香草或大蒜、劃開肉的表面等精細用途。（1 吋等於 2.54 公分。）

義大利麵夾（或義大利麵叉）

馬鈴薯壓泥器—圓頭型可在盆子和鍋子的側邊輕鬆移動。

橡皮刮刀—能攪拌厚實的麵團也能刮乾淨果醬罐；耐熱的矽膠製品可用來攪拌爐子上燉煮的食物。

胡椒及鹽研磨罐—選擇可輕鬆調整研磨粗細度的產品。

鋸齒刀—切片麵包或番茄時特別好用。

烤肉叉—如果使用木製叉，串食材前必須浸泡溫水 10 到 30 分鐘，不然食材會一起燒焦。

溝槽鍋匙—不鏽鋼握把不會過燙。

網杓—寬而淺的長柄網狀編織湯杓，用於撈掉熱食的湯汁或撇除高湯表面的浮沫。

各種大小的不鏽鋼鍋具—我特別喜歡不鏽鋼材質抗氧化腐蝕的特性。番茄醬汁等酸性物質，容易腐蝕無塗層鋁鍋、鑄鐵鍋、銅鍋，讓食物帶有金屬味、淺色醬汁變深，也會縮短鍋子的使用壽命。

真空封口機—封裝需冷藏和冷凍保存的肉類和起司。

削皮刀

打蛋器

Y 型削皮刀—處理芒果或南瓜等難削皮的食材時，比傳統的旋轉削皮刀好用。

選購、保存、烹調食材的小技巧

地中海料理就是家庭料理，可以即興發揮，不必擔心失誤。運用手邊的食材，隨興替換，依個人喜好的口味調整。這不是必須精準測量的烘焙，如果想戒鹽，就減少食譜的鹽量；對魚過敏或找不到我建議的品種，就使用別種魚或禽類替代。

這一節，我將進一步介紹接下來食譜中常使用的食材，提供各位選購、保存、烹調的小技巧。我列出了常使用和比較少見的食材，以及我對某些食材前所未見的獨門處理秘笈。

農作物

選購

超市裡平淡無味的水果，實在很難讓人興奮。這往往是遠距離運輸所造成的，大規模農業也因此而研發出保鮮期較長的水果。有鑑於此，我建議大家盡量自己種植。本地農夫市集販售的當季蔬果，也是尋覓香甜水果的好地方。

盡量買鄰近產區的當季蔬菜。接著，一起來看看食譜中的關鍵食材。

蔥之一族

試著運用各種不同的蔥屬蔬菜。它們含有豐富的抗氧化物，能帶給食譜不同的風味。

- **維達麗亞洋蔥**：生吃清甜不辣口，我通常用於沙拉。我也喜歡炒來吃，炒熟更能引出甜味。我常使用維達麗亞洋蔥，雖然貴但很值得。
- **紅蔥頭**：可以用洋蔥替代，味道溫和香甜。
- **青蔥**：味道比洋蔥淡，通常當作裝飾用。
- **韭蔥**：長得像大根的青蔥，比一般的洋蔥更甜。

番茄

選購料理用的新鮮番茄時，我都挑多肉結實的橢圓形品種，水份跟籽較少，也比較不酸。這些特徵讓橢圓番茄特別適合製作醬汁，尺寸越小越好，太大的番茄果肉中空會影響味道。

南義的聖馬爾扎諾蘇爾薩爾諾（San Marzano sul Sarno）是全世界最棒的橢圓番茄（及小番茄）產區，生產的品種叫作聖馬爾扎諾番茄。我強烈建議使用這種番茄烹調。

最好的罐頭番茄有義大利官方認證的原產地名稱保護（Denominazione d'Origine Protetta, DOP）標示。以番茄來說，這種認證規範了：

- 番茄的品種
- 義大利產區的位置
- 種植方式
- 採收時的大小、形狀和顏色
- 需經手工採收
- 需去皮後裝罐

請注意，就算是聖馬爾札諾番茄，標示義大利原裝也不代表產於義大利。原產地名稱保護才是官方認證，茄汁醬的美味秘訣在於使用的番茄品種（以及醬汁加入大蒜一起打碎）。罐頭番茄的味道差異極大，我只買通過原產地名稱保護認證的產品；也許價錢貴了兩倍，但相信我，絕對值得。

看得到才會放在心上

別把新鮮蔬果塞在廚房角落或冰箱裡。把新鮮水果和果乾一起擺在隨手可拿到的餐桌上，家人路過時就能拿來當點心吃，避免垃圾食物。

拿番茄做沙拉時，我不會特定要求哪個品種，但偏好院子現採的熟番茄。

豆類

隨時準備好乾豆與豆類罐頭，紅腰豆和白腰豆是必備食材。我也喜歡比白腰豆大且綿密的利馬豆，專賣店可買得到。蠶豆以前只有專賣店販售，現在比較好買了，超市裡通常都有冷凍的。

南瓜

挑選帶有 2 到 3 吋（5 到 8 公分）完整蒂頭、沒有斑點或撞傷的南瓜，保存期限較長。南瓜是很棒的日常食材，富含營養素，擺很久都不會壞掉。

保存

在西西里，我們妥善地保存蔬果，就算是 3 個月都沒什麼農作物生產的寒冷冬天，也有新鮮農作物可吃。保存的頭號守則是留下蒂頭，拔掉蒂頭的洞口會讓水份流失、空氣和病毒入侵而腐爛。蔬果要擺在乾燥涼爽的地方，比較柔軟的蔬果可以吊起來。洋蔥整籃放在閣樓，大蒜綁成一串吊著保存；沒去蒂的哈密瓜吊起來可撐過冬天。30 公斤以上的南瓜採收後保留蒂頭，葡萄掛著保存 2 個月都不會壞掉。家裡空間不大，所以我媽會到處找空間，把這些食材吊在臥室或閣樓，大南瓜則收藏在床舖底下。

- 番茄：放在流理台上，不要冷藏（低溫會破壞口感和味道）。

- 朝鮮薊：沒洗過的新鮮朝鮮薊用塑膠袋包好，最多可冷藏保存 5 天。
- 茄子：冷藏保存，放久了會變苦，請在 1 到 2 天內吃掉。請勿削皮或戳洞，不然很快就會爛掉。

清洗食材

蔬果上殘留的農藥隨著時間逐漸分解，經過販售前清洗和處理的步驟也會減少。送到超市時，基本上殘留的農藥已低於合格標準。然而，雖然量少，但不代表沒有，有機蔬果也不例外。即便是「已清洗」的蔬菜，買回家也應該徹底洗淨。以下的訣竅有助於減少食材上殘留的農藥（還有灰塵和細菌）：

- 用流動的水清洗所有食材（包括要削皮的），沖洗比浸泡好。
- 拿乾淨的布或紙巾吸乾食材的水份。
- 以粗毛刷刷洗堅硬的水果和蔬菜。
- 丟掉綠葉蔬菜外層的葉菜。
- 如果食材有打蠟，殘留的農藥可能會積在裡面，削皮是最有效的去除方法（但這樣也會削掉很有營養的部份，所以盡量買未上蠟的食材）

處理菠菜、青蔥、韭蔥、牛皮菜、花椰菜苗等特別髒的蔬菜，我會先用清水沖洗軟化砂土，再放進一盆冷水裡浸泡，直到砂土沉積在盆底；倒掉水再重複浸泡兩次。

烹調

注意蔬菜不要煮過熟，以免變得軟爛泛黃，不過還是有少數例外，某些蔬菜不夠熟的話，吃起來有土味。身體吸收的營養依料理方式而不同，有些蔬菜生吃比較營養，有些煮過更好。以下是幾種常見蔬菜生吃或煮熟的營養價值比較指南：

蔬菜	生或熟？
蘆筍	熟（清蒸）
甜菜	生
綠花椰菜	生熟皆可
胡蘿蔔	生熟皆可
白花椰菜	生熟（但不要用水煮的）皆可
玉米	熟（烤）
茄子	熟（烤）
青豆	熟（烤）
菇類	熟
洋蔥和大蒜	生
紅椒	生
菠菜	熟
地瓜	熟
牛皮菜	熟（烤）
番茄	用油烹調至熟
櫛瓜	熟

生吃或煮熟蔬菜食用，享受它們的各種營養（除了會增加太多脂肪的油炸，會造成一半以上的營養流失，炸的過程也會產生毒素）。烹調蔬菜會分解植物細胞壁，讓某些營養素和植化素更好吸收。大致上，用高溫快速烹調最能保留營養價值。微波、清蒸、水煮和快炒都屬於這一類。用少量的油炒蔬菜是快速又簡單的烹調方式，也不會破壞味道、口感和色澤。水煮蔬菜的時間過長，會讓水溶性維生素流失。如果用煮的，可以把煮菜水拿來當湯底。和維生素不同，礦物質不會受到烹調方式的影響。

用**新鮮番茄**烹調時，食譜通常會要求去籽。這個步驟很重要，因為番茄籽有苦味。

大蒜很快熟，烹調時小心別燒焦。如果使用整顆、切片或壓碎的大蒜，可以和食譜中要炒軟的洋蔥一起下鍋（大約炒 2 到 3 分鐘）。但如果是切碎或磨碎的，一定會燒焦，應該最後再下鍋。或者，食譜中用到洋蔥時，可以炒洋蔥 2 到 3 分鐘後再加大蒜。另一個選擇是用熱橄欖油把大蒜煎到金黃後挑出來，再加入其他食材，蒜味會融進油中。

至於**洋蔥**，我的食譜通常建議熱油後先下鍋炒軟，之後其他跟洋蔥一起拌炒的食材都會多了點甜味。洋蔥炒越久越甜，如果省略這步驟，洋蔥會比較辣，味道完全不同。我的名言是「洋蔥不能焦」，燒焦或上色會改變風味。我通常只炒 3 分鐘，食譜中的洋蔥要炒到夠軟熟，才能帶出料理的醇厚美味。如果快要焦了，可以在鍋裡加點水或白酒。

馬鈴薯從冷水開始煮，可加快烹調時間，確保內部熟透，而且口感比較好（不會太軟）。

烹調**乾豆類**時，可先浸泡隔夜或清洗完煮久一點，以徹底煮熟。浸泡豆類的水我不加鹽。

義大利麵

選購

基本上，我們依據口味和整體菜色的搭配選擇義大利麵的種類。無論如何，各種形狀和大小都該實驗看看，你會找到自己喜歡的麵種。比如說，我覺得基本的茄汁醬搭配圓麵很不錯。有人覺得滑順的紅醬最適合細長的圓麵；有孔洞或表面粗糙的麵才能裹住濃稠的醬汁。我用管狀中空的小斜管麵（Penne rigate），因為麵體的細縫能抓住醬汁，讓成品的風味更棒。以下建議一些比較少見的義大利麵種搭配，可以此為基礎，實驗出你的獨門配方。

- **小管麵（Ditalini）**：搭配豌豆或蠶豆等小型蔬菜或加進湯裡，方便用湯匙舀來吃。
- **蝴蝶麵**：可以裹住有小肉塊的醬汁。孩子很喜歡這個形狀，就像在吃蝴蝶結。
- **細扁麵**：搭配海鮮醬汁。
- **貓耳朵麵**：最受孩子歡迎的麵種，醬汁吸附力極佳。
- **大管麵（Paccheri）**：搭配蝦子，適合以義大利麵為主角的料理。
- **吸管麵**：搭配可以流進麵裡的醬汁增加風味。
- **寬扁麵**：搭配奶油醬汁。

保存

將乾義大利麵存放在涼爽無日照的地方。

烹調

完美義大利麵七步驟

1. **用大量的水煮麵**：把麵條丟進一鍋滾水時，表面的澱粉顆粒馬上吸水膨脹釋出，很快麵條表面就會因為大量的澱粉而變黏。最後，大部份的澱粉會溶進水裡，麵條表面再度變光滑，就是我們想要的成果。用 4 至 5 公升左右大量的水煮麵，下麵後比較快滾，迅速沖掉澱粉也能防止麵條沾黏。

2. **煮麵水加鹽**：我會在煮麵水裡加 1 到 2 大匙的鹽（依同一道菜其他食材的鹹度而定）。足量的鹽可以讓麵條吸收水份入味，之後整道菜就不需要過多的鹽。

3. **義大利麵一下鍋馬上攪拌**：為了避免麵條沾黏，下鍋的第 1 到 2 分鐘間必須攪拌，不然麵條可能會黏在一起。

4. **不要在水裡加油**：煮麵水中不需要加油防沾黏，沒有義大利人會這麼做。只要把義大利麵加進沸騰的水裡，攪拌三次：一下鍋時、水滾時和烹煮時，這樣就夠了。事實上，加了油會讓麵條太滑，無法吸附醬汁。

5. **煮到彈牙口感**：義大利麵煮到彈牙的味道比較好，對健康也比較有益。帶有麵芯的麵體要咀嚼比較久，會吃的比較慢。也就是說酵素吸收效果比較好，能維持更久的飽足感。煮太軟的義大利麵比彈牙麵容易增高血糖，造成之後的饑餓感。

6. **可以保留煮麵水**：如果要準備某些醬汁，煮完義大利麵後我通常會留一點水。煮麵水含有麵條釋出的澱粉，可以用來稀釋醬汁，並產生濃稠的質地。但做茄汁醬時為了要維持純粹的風味，我不會加煮麵水。

7. **把麵倒入醬汁**，而不是醬汁倒進麵裡：義大利麵得在達到彈牙口感的前1 分鐘瀝乾，馬上倒進準備好的醬汁，再煮 1 分鐘後起鍋，立刻食用。「千萬不可以把義大利麵留在濾網裡！」有位義大利廚藝老師說：「在義大利，這樣可是會被抓去關的。」

魚和其他海鮮

選購

我的家鄉在西西里島的卡斯楚菲利波，位於南岸的阿格里真托省，一個由希臘人開墾出來的小鎮。從我家走 15 分鐘就到阿格里真托的海邊，在海裡玩耍是我美好的童年回憶。每天都有漁船入港，可以在船邊採買當場處理好的海鮮。章魚、海膽淡菜（我們生吃）等等，除了在船上吃，不可能更新鮮了！

如果沒去海邊，海鮮也會自己上門。每天早上，魚販都會騎著三輪摩托車在街上叫賣：「魚喔！好新鮮的魚喔！」出門就可以直接買。如果魚販來的時候，家裡的女主人在二樓，她會探頭下來大喊：「我要 2 公斤沙丁魚！」接著遞下裝了錢的籃子，再接回一籃滿滿的新鮮沙丁魚。

根據我的經驗，最新鮮的海鮮就是最好的食材。很多人讚美我的海鮮料理，其實秘密就在於我選購優質的海鮮。我總是挑選魚攤最新鮮的食材，就算沒辦法跳進地中海捕撈當天的漁獲，我也會盡可能挑選品質最接近的食材。

超市販賣的海鮮很多都是人工養殖的，尺寸一致又乏味，所以我喜歡野生魚種。在魚攤買希臘海岸捕撈的歐洲海鱸，用最簡單的烹調方式，就能享受一頓人間美味。海鮮的口感和風味，讓這一餐變得超出色。

就算是內陸的普通超市，海鮮區的工作人員也能告訴你哪些是新進貨的海鮮。和家附近的超市工作人員混熟，他們是選購海鮮最好的參考來源。

以下介紹選購各種海鮮的注意事項，有些可能是比較少見的品種。我也將分享獨門海鮮料理秘笈。

魚類基本採購指南

關於店家：生意好的店家才新鮮。店裡應該帶著海味（而不是魚腥味或酸臭味），海鮮存放在冰塊上或冷藏保存。

關於魚類：肉質結實不軟爛（請魚販按壓確認肉質）外表溼潤有光澤而不灰暗，魚眼清澈，聞起來有海的鮮味。請魚販幫忙分切比較方便，最好不要買預切好的包裝魚片。

關於活海鮮：淡菜、蛤蜊、生蠔、龍蝦等活海鮮，不能裝進塑膠袋裡提回家，否則會死掉。必須裝在紙袋裡，蓋上乾淨的溼毛巾也很有用。紙袋外面可以套一層不封緊的塑膠袋防漏，或封緊塑膠袋但戳洞讓海鮮呼吸。

關於海鮮罐頭：一定要選油漬的海鮮罐頭，不然會超級沒味道。我喜歡西西里當地生產的鮪魚罐頭。請注意，義大利的海鮮罐頭，通常是 6 盎司（約 170 公克）裝，在我的食譜中，可用美國或其他國家較常見的 5 盎司（約 141 公克）海鮮罐頭代替。

鯷魚

我做菜時常用鯷魚，因為提味效果超厲害，而且富含健康脂肪，對身體健康也很有幫助。玻璃罐或鐵罐裝的都可以。西西里人用鹽醃鯷魚，但得先抹掉鹽再去鱗切片，處理起來十分費工。我喜歡油漬鯷魚。

淡菜

淡菜拿起來應該要飽滿扎實，如果感覺輕輕的，表示品質不佳。不要買打開的淡菜，可能已經死掉了。（如果殼是開的，摸摸看會不會閉上。不行的話，就代表死了，別買。）抓一把淡菜互相磨擦，用流動的冷水沖洗，刷洗乾淨再開始料理。

烏賊

烏賊又叫花枝。絕對別買冷凍烏賊，味道和新鮮的差太多。跟一般魚類一樣要肉質結實，軟爛的不要買。

歐洲海鱸

歐洲海鱸在義大利叫 Branzino。美國東岸產的條紋鱸魚或黑鱸，味道比較甜，口感綿密。

扇貝

乾扇貝的品質比溼扇貝好。溼扇貝泡過鹽水可保存較久，但 20%的重量都是吸收到的鹽水，論斤買你就花冤枉錢了，而

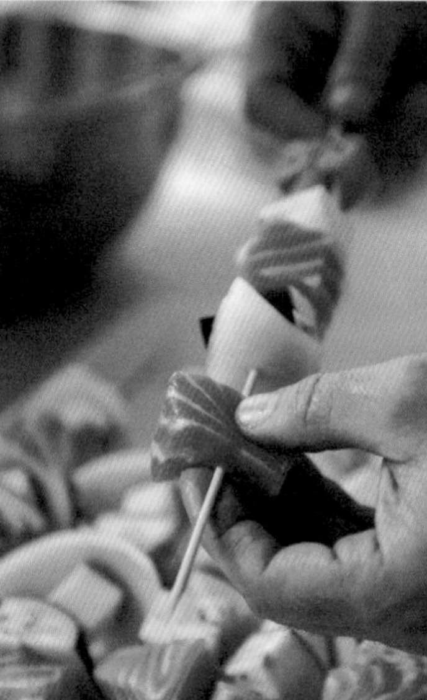

且溼扇貝煎起來顏色也沒那麼漂亮。少數店家會賣乾扇貝，雖然比較貴，但肯定是值得的。

蝦

燒烤或生吃的蝦越大越好（450 公克約 15 到 20 隻）；做義大利麵或其他菜色時，請挑小隻的。

鮪魚

挑深紅色肉質結實的鮪魚。越小隻越好，代表比較年輕，身體裡累積的汞含量比較少。挑選旗魚等大型海水魚時都適用這個原則。

鮭魚

養殖鮭魚脂肪含量比較高，肉質比較粗糙；而野生鮭魚的肉質比較結實細緻。不管養殖或野生，我都會買最新鮮的鮭魚。

旗魚

旗魚越小隻越好，代表比較年輕，身體裡累積的汞含量比較少。

保存

海鮮盡量冷藏保存，不要冷凍。魚類的不飽和脂肪容易氧化（跟其他肉類的飽和脂肪不一樣），所以很快就會壞掉。魚

市售最棒的冷凍魚是？

沒有這種魚！如果可以的話，請永遠都購買最新鮮的魚，我唯一會買的冷凍水產是蝦子。

類生活在冰冷的水裡，也跟溫體動物不同，體內的細菌和酵素更容易在高溫下分解。保存（整條或切片）魚類時，先清洗乾淨，仔細擦乾後包上一層紙巾，再緊緊地用保鮮膜裹好。這樣保存的魚可冷藏 48 小時不腐爛發臭。加上冰塊效果更佳，可以把密封好的塑膠袋擺在冰塊上，再放入有蓋的鍋子裡冷藏（小心不要讓水跑進去）。請放在冰箱裡最冷的地方，通常是冷藏室最後面。

保存蛤蜊、淡菜、生蠔、龍蝦或其他甲殼類活海鮮時，不要裝進塑膠袋，以維持牠們的生命力。我會把淡菜、蛤蜊和龍蝦放在冰塊上，再蓋一層溼紙巾或溼布。不用冰塊的話，也可以每天換新的溼布保持水份。保存活海鮮的秘訣，就是別讓牠們太乾。這樣可以保存 1 到 2 天，蛤蜊可保存 3 到 5 天。淡菜和蛤蜊打開時，就表示牠們快死掉了。

別在料理前清洗淡菜，拔掉鬚鬚，淡菜就死掉了。但蛤蜊是可以先清洗的。

烹調

烹調前一定要先把魚弄乾，太溼的話請拿紙巾吸乾水份。烹調海鮮最重要的就是掌握時間。熟度完美的魚多汁又鮮美，但烹調過度會乾巴巴的難以入口，請特別小心。魚肉容易碎掉，使用不沾鍋會比較好上手，但不鏽鋼或鑄鐵鍋能把魚煎得更金黃酥脆，可自行選擇。如果魚的厚度不超過 1 公分，基本上不需要翻面。當魚肉從透明變成不透明或白色，肉質結實但還有水份，恰好能切開時就夠了（煎到能輕鬆切開可能會太乾）。在魚肉完全變不透明前移開熱源，以保留水份和鮮嫩度。

燒烤時先把魚拍乾、抹油和鹽，放到塗好油的熱烤架上。（在外皮烤脆之前）不要太快移動魚，否則會沾黏烤架，請耐心等待。燒烤或烘烤整條魚時，可觀察剖開清洗乾淨的魚肚，乾燥時就熟了。只有上火烤時，我大多把帶皮面朝上保持溼潤度，但鮭魚最好用魚肉面朝上。（別切掉鮭魚皮旁邊富含 Omega-3 脂肪酸的灰色魚肉。）

以下介紹一些小技巧，有助於處理食譜中將會用到的海鮮：

- **扇貝**：煎扇貝前必須徹底拍乾，絕對不要煎過頭。
- **淡菜**：用底部最寬的鍋子煮淡菜，讓烹煮的水和蒸氣循環。煮淡菜的秘訣是不要用大火煮，必須用中小火烹煮，並不時攪拌，不然殼會太快打開。煮到淡菜變得肥美多汁。放進鍋裡後大約 5 到 6 分鐘殼會打開，表示已經熟了。這時請攪拌一下，上層淡菜會壓住鍋底的淡菜，使之無法打開。之後大約再煮 1 到 2 分鐘，丟掉 6 到 7 分鐘後還是沒打開的淡菜。請小心不要煮過頭，不然肉質會變得柴而無味。
- **鯖魚**：這種美味的魚只要 3 到 5 分鐘就熟了。別煮過頭，讓油脂都流失了。
- **花枝**：烹調花枝時要格外小心，注意別煮得太硬。用煎的話，必須徹底拍乾水份，不然油會濺得到處都是。別選太大條的花枝，煎起來肉質比較硬。抹粉前先拍乾，油鍋熱到攝氏 190 度的高溫。一次不要下鍋太多隻，以免油冷卻，煎 2 到 3 分鐘。起鍋後放在紙巾上吸油，立刻灑鹽並趁熱食用。

用水煮的方式，可以把花枝放到滾水中煮 2 到 3 分鐘，等水再滾後起鍋。但如果這時沒拿出來，就必須再小火微滾 20 到 30 分鐘，使之恢復柔軟肉質。這段時間，一旦水煮到大滾，肉質變硬，就沒救了。雖然花枝處理起來很費工，但仍是地中海料理的常客。可做成義大利麵、沙拉或蔬菜料理等多種變化，淋上醬汁或搭配其他煎、燉、烤魚。花枝搭配稀醬汁時，最好用麵包一起沾著吃。

燒烤整條花枝前，先徹底拍乾水份，在表面劃幾條刀痕。放到抹好油的熱烤爐上，用乾淨平底鍋或包了鋁箔紙的磚塊之類的重物壓住。烤花枝很快熟，一面只要 1 分鐘左右就好了，烤完後灑鹽並移開烤爐。

禽類和肉類

選購

草飼牛肉含有較多的中性硬脂酸、Omega-3 脂肪酸，較少的 Omega-6 脂肪酸，以及從草中所得的多樣維生素、礦物質和抗氧化物，整體而言比較健康。玉米飼牛肉比較肥，雖然有油花的肉柔軟美味，但飽和軟脂酸和肉豆蔻酸含量高，對身體有害。

可以的話，盡量不要吃乳牛肉，那是大約 20%的美國牛肉來源。這些牛一生中被注射了大量成長激素和抗生素，以製造出豐沛的健康牛奶。可惜的是，超市販售的牛肉沒有來源標示。（然而，標有「安格斯黑牛認證」的牛肉，一定是專供食用的肉牛。）即使是肉牛（除了有機牛肉），也會從耳朵上注射雌激素等賀爾蒙，讓肉質更肥美。

我最常用的**牛肉**部位，是沙朗和特級牛排，腰肉和後腿肉油花最少。料理**犢牛肉**時，選擇帶骨肋排或肉排，肩肉或頸肉適合燉煮。因為犢牛肉油花較少，小心不要煮過頭，犢牛排只需要每面各煎 1 分鐘就好。羊肉請挑肋排或羊腿，不同部位的羊肉料理時間都一樣，特別是燒烤的，燉肉因為和湯汁一起烹調，可以煮久一點。

我喜歡**天然的放養雞**，比其他雞肉好吃。我個人認為不需要多花錢買有機雞肉。我家養的雞都自由地在果園裡穿梭，吃掉在地上的果實，還有草地裡的各種蟲。我們所有的廚餘都拿去餵雞，不知道為什麼牠們特別愛吃義大利麵。這些雞的肉質多汁又美味。

保存

新鮮的肉類買回家後，馬上放進冰箱最冷的後側。溫度太高會讓血水流失，肉質變得乾而無味。請參考包裝指示的保存期限，從肉舖買回家後，我不會把肉冷藏超過 2 天。

禽類和肉類可以冷凍保存，味道不會跑掉。我的冷凍庫通常都有備用的冷凍雞肉和牛排，真空密封後最多可放 3 個月。如果沒有真空密封機，請把每片牛排或雞肉緊緊地包上保鮮膜，再放進夾鍊袋保存，以免肉被凍壞。全雞可不拆封直接冷凍。

烹調

跟蔬菜一樣，用少許油炒雞肉是快速料理的好方法。開火後加入油熱鍋，熱油可讓食材內部的水份蒸發，溢出的蒸氣防止外面的油滲入食材變油膩。

烤肉時請確認烤爐已抹好薄薄的油並預熱，放上烤架時肉的水份必須拍乾。我用手指戳牛排判斷熟度，五分熟的肉摸起來大概和姆指跟食指差不多。試試這個技巧，不久後就會抓到感覺了，不必再緊張兮兮地猜測。

牛排我煮熟後再加鹽，以防肉汁流失。但雞肉我會抹鹽，通常先帶皮烹調保留水份，食用前再剝皮。小心別讓雞肉煮太熟。烤雞時最後 3 到 5 分鐘左右，我會把下火關掉讓雞肉上色。肉類離火後先靜置 5 到 7 分鐘，使烹調時流失的肉汁重新吸收，肉質會更鮮美。

起司

選購

在南義大利很多人都自己養羊，並用擠出來的奶做各種起司。我們全都自己做，大部份是羊奶做成的佩科里諾起司（percorino），裡面加黑胡椒粒。瑞可達是做起司前第一批的凝結物，從表面刮下來非常香濃。

我愛起司，每道菜都加起司。然而，在這本書裡找不到起司的烹調建議，我不會加一大堆起司，而是用來當作調味的點綴－切片、捏碎或磨碎加入菜色中。灑上現磨起司的菜餚特別迷人，看起來更好吃。義大利起司之王帕馬森起司（Pramigiano-Reggiano）、佩科里諾起司、帕達諾起司（Grana Padano）都是我的最愛，用陳年帕馬森起司更有味道。帕馬森起司和帕達諾起司是硬質起司，佩科里諾是軟質起司，我都在起司攤採買。我喜歡全脂瑞可達起司，低脂版沒有我愛的香濃口感，而且我不常吃瑞可達起司。然而，如果你在控制脂肪攝取量，可以用低脂瑞可達起司代替。

保存

值得投資一台真空密封機，讓起司能保存更久，防止發霉。如果沒有密封機，請用保鮮膜包緊起司，放進密封塑膠盒或塑膠袋裡冷藏。起司可以放 2 到 3 週，瑞可達大約可冷藏保存 5 天。

橄欖油

選購

油和抗氧化物的組合，造就橄欖油的完美營養價值，請務必選擇「頂級冷壓初榨」的產品，以達到最佳健康功效。「頂級」代表油僅以橄欖壓榨而成，沒有使用化學物質（如其他大多數的油）並符合品質測試標準。「冷壓」代表橄欖只有壓榨一次取油，「冷壓」表示榨油時的溫度（溫度較高可榨出更多的油，但會影響營養價值和品質）。隨著現代榨油科技的演進，已經不像以前要用網布壓碎橄欖，但這個名詞還是指第一次的榨取。

我最喜歡西西里島產的橄欖油，味道比較香濃，例如Letizia頂級橄欖油。另一個我喜歡的牌子也是西西里產的 Lu Trappitu。以上兩者都通過了原產地名稱保護認證。我喜歡味道強烈的橄欖油，但每個人喜好不同，請自己嘗試。

保存

南義大利通常在初秋採收並壓榨橄欖。低氧化率的橄欖油可保存 1 年，比其他油品的保鮮期長，但新鮮壓製的油香氣最濃郁，抗氧化物含量也最豐富。請在製造日期後的 1 年半內開封，並於數月內使用完畢，盡量避免氧化。存放在陰涼的地方，絕對不能靠近爐火。

烹調

使用橄欖油烹調時，最好先熱鍋再加油，等油熱了再放入食材。熱油到出現油紋時就可以了（不要冒泡泡），別等到油開始冒煙，太熱會流失營養價值和味道。

橄欖油選購注意事項

- 選擇「冷壓初榨」的頂級橄欖油。
- 以檢查瓶身的採收或製造日期，盡量選最新鮮的。深色瓶身可減緩油的氧化程度。
- 注意「淡味」或「特淡」不代表熱量多寡，而是經過精煉加工。特淡橄欖油基本上沒有任何香氣或色澤（及營養價值）。
- 「原裝進口」指的是橄欖油裝瓶或進口地，不一定是生產地。如果進口國與生產國不同，瓶身上應該會列出真正的「產地」。
- 小型製造商（沒有經過中盤商大量收購並轉賣給大企業）更可能販售純正的頂級橄欖油。
- 如果橄欖油通過加州橄欖油協會的測試，確認為真正的頂級橄欖油，而不是濫竽充數的廉價油品，瓶蓋會加上封條。

長時間高溫烹調會使橄欖油喪失營養價值。高溫造成脂肪的氧化，而橄欖油的低密度脂蛋白可防止氧化，在烹調時也能發揮作用，比其他蔬菜油耐熱。這表示比起精煉橄欖油，頂級橄欖油的抗氧化物，經過烹調後可保存的較完整。

不要用已經半氧化的橄欖油、烹調過程中定時補充油量，並在快煮熟前加入最後的油，都是避免烹調造成營養流失的好方法。我總是在煮好的料理上淋新鮮的橄欖油，這是我媽教我的，她說烹調過和新鮮的橄欖油味道不一樣，能增添風味。

用油烹調的問題是可能產生有害的物質。這種風險通常源於用蔬菜油煎炒食物，毒素隨著油煙釋出。因此我建議不要油炸（反正也不健康），或用超過發煙點（可看到油煙）的溫度烹調。爐具及廚房保持通風。

繽紛的橄欖

除了在飲食中加入大量的橄欖油之外，也可享用整顆橄欖的天然風味。我建議各位嘗試不同品種的橄欖，每個人喜歡的顏色、醃漬方式和調味都不同。試試這道美味的食譜。

炒橄欖

4 人份

3 大匙橄欖油

4 瓣壓碎的大蒜

2 杯（480 公克）未去籽的大顆橄欖（卡拉馬塔橄欖或油漬黑橄欖）

1/4 杯（60 毫升）紅酒醋

1 小匙乾燥奧勒岡

在熱鍋中加入油和大蒜炒 1 分鐘，再加入橄欖和紅酒醋。中大火炒到汁液濃縮剩一半後加入奧勒岡。趁熱搭配義大利麵包、喜歡的起司和紅酒食用。

第三章　好好吃

Mangiare Bene

現在我們已經了解地中海飲食各種食材美妙的健康功效，我將助大家一臂之力，組合出各種日常生活的料理。運用書中收錄的食譜，可以在超短的時間內做出美味且營養豐富的菜色。證明健康的食物也能漂亮又美味，體驗烹調和分享美食的樂趣。

我與廚房的淵源當然是從義大利開始，基本上當地的嬰兒一出生就拿濾麵勺當玩具了。和大多數義大利家庭一樣，我家的日常生活都圍繞著用餐時光與料理。我的家鄉經濟不發達，但擁有肥沃的土地，近在咫尺的海洋提供取之不盡的美味。我們珍惜所有食物，用盡心思在匱乏的資源下創造出豐富的饗宴。

我對料理的熱愛，來自我媽以及小時候的整體環境。後來我搬到曼哈頓，我和很多餐廳廚師打交道，分享我對飲食的熱忱。品嚐到美味的餐點後，我總會想辦法認識主廚，所以，和我一樣熱愛料理的人們，漸漸地進入我的朋友圈。接下來的某些食譜，都來自我最愛的餐廳和好友的靈感與指導。

我也特別標示出適合特定年齡層的食譜：

Ⓑ = 適合小嬰兒
Ⓚ = 適合兒童
Ⓢ = 提供銀髮族（60 歲以上）最多的營養

雖然全家人都可以享用地中海飲食，但嬰兒、兒童和銀髮族，需要特別的食物質地或營養。這些有特定標示的食譜，富含可滿足不同飲食需求的食材。話說回來，無論任何年齡層，只要大量食用「14 種完美的食材」就對了。

早餐與午餐

Ⓑ 嬰兒
Ⓚ 兒童
Ⓢ 銀髮族

水果麥穀粉粥

Ⓑ 嬰兒　Ⓚ 兒童

麥穀粉（Farina）是粗粒小麥磨成的，通常用來煮成熱粥。讓小孩一起做這個早餐，加入他們喜歡的水果。

2 人份

1/2 杯（120 毫升）水

1/2 杯（120 毫升）牛奶，或依個人喜好增添

1 小撮糖

1 小撮鹽，可省略

1/3 杯（80 公克）麥穀粉

1 根香蕉，壓成泥

1/2 大匙蜂蜜（1 歲以上才可以吃）或楓糖漿

1/2 杯水果（約 120 公克，熟透的覆盆子或藍莓，新鮮或罐裝桃子塊），可省略

1/2 小匙肉桂粉，可省略（請見附註）

1. 把 1/2 杯水、牛奶、糖和鹽（可省略）加入小鍋，中火煮滾。
2. 加入麥穀粉，一邊攪拌並再次煮滾，轉成小火煮 2 到 3 分鐘（可加入多一點牛奶調整稠度），鍋子離火。
3. 香蕉泥拌入麥穀粉粥，淋上蜂蜜或楓糖漿，喜歡的話可搭配水果和肉桂食用。

附註：肉桂粉非常營養，富含抗氧化物、具抗菌效果、對神經有益，也能延長飽足感。本身的甜味有助於減少糖的攝取。

瑞可達鬆餅

Ⓚ 兒童

這道食譜，能進一步提升早餐鬆餅的層次。

4 人份

1 又 1/3 杯（320 公克）中筋麵粉
1 小匙泡打粉
1 小匙小蘇打粉
1 又 1/2 大匙糖
1/2 杯（120 公克）瑞可達起司（我喜歡全脂的）
1/2 杯（120 毫升）全脂牛奶
1 大匙芥花油
2 顆蛋
食用時搭配的楓糖漿
裝飾用的莓果，可省略

1. 麵粉、泡打粉、小蘇打粉鹽和糖放入大盆中。
2. 瑞可達起司、牛奶、油和蛋放入另一盆裡攪拌均勻。
3. 溼料倒入乾料，攪散麵粉塊，但別過度攪拌。靜置麵糊 10 分鐘左右。
4. 中火加熱不沾鍋，鍋子熱好後，倒入 1 到 2 大匙的麵糊做一個鬆餅（小孩喜歡小鬆餅），保留鬆餅間的空隙以防沾黏。一面最多煎 1 分鐘後翻面，直到上色。
5. 煎好的鬆餅放到預熱過的餐盤，淋上楓糖漿。喜歡的話可以用莓果裝飾。

橄欖油起司炒蛋

Ⓚ 兒童 Ⓢ 銀髮族

如果你從沒用橄欖油炒過蛋，請一定要試試這道美味的料理！炒蛋中加入任何油脂都能讓蛋更柔軟，把奶油或乳瑪琳換成對心臟有益的橄欖油，你和孩子一定都會愛上這道菜的口感和滋味。

4 人份

8 顆蛋

1/4 杯（60 毫升）全脂牛奶

1/2 小匙鹽

2 小匙頂級橄欖油

1/2 杯（120 公克）磨碎的起司

1. 蛋、牛奶和鹽加進大碗，用叉子或打蛋器打勻。
2. 中火熱不沾鍋，加入橄欖油和打好的蛋液。
3. 均勻地灑上起司，用橡皮刮刀拌進蛋液中。
4. 繼續輕輕地翻炒 1 到 2 分鐘，直到喜歡的質地。炒好的蛋放到預熱過的餐盤上享用。

小技巧：加入 1/2 杯蔬菜丁並多灑一點起司，就可以煎成歐姆蛋卷。

卡斯楚菲利波式早餐

這道料理很像我小時候在家鄉吃的早餐，那時我常常拿著錫杯去街角找賣羊奶的婦人，從她早上現擠的羊奶乳清中撈一點瑞可達起司，帶回家給我媽做這道菜。現在，我盡可能地在紐約市模仿這道菜，還是十分喜歡。

這道料理必須使用老麵包。麵包是我們飲食中重要的一部份，絕對不會浪費。短暫的保鮮期過了以後，可以改造成灑在義大利麵上的麵包粉、墊在湯底的麵包片，或搭配魚類料理增加飽足感。其實義大利人並不覺得那是老麵包，而是硬麵包。這道菜可以用各種你喜歡的麵包，而我最喜歡的，還是義大利長棍麵包。

1 人份

2 片老麵包，剝成 1 吋（約 2 公分）大小的碎片（請見小技巧）

1/4 杯（60 毫升）牛奶

1/4 杯（60 毫升）熱咖啡

1/4 到 1/2 杯（約 60~80 公克）瑞可達起司

1 小匙糖

1. 把剝碎的麵包放入碗中。牛奶倒入小鍋中火加熱（別煮滾），和咖啡一起淋在麵包上。液體很快就會被麵包吸收，變成柔軟的質地。
2. 麵包拌入瑞可達起司並灑上糖，如果瑞可達起司太冰，食用前可微波加熱 20 秒。

小技巧：以下是利用老麵包的幾個方法：磨碎或用食物調理機打碎成麵包粉，切丁後淋橄欖油以華氏 400 度烤成麵包丁，或用於普切塔食譜中（188 至 189 頁）。

果昔

Ⓚ 兒童

你可能已經認識果昔這種用果汁機打成的香濃飲料。我都會在果昔中加水果，可以實驗各種水果，搭配出自己喜歡的味道。我喜歡使用新鮮水果，但冷凍水果可以讓果昔變成奶昔般的口感（新鮮水果加碎冰也可以）。香蕉使果昔濃稠滑順，冷凍或新鮮的都不錯，但冷凍香蕉打起來更香濃。果昔中加一點生龍舌蘭糖漿、蜂蜜（1 歲以上才可以吃）、或果汁可增添甜味。我喜歡加 1 大匙切碎的薄荷，搭配任何果昔都好喝。快翻到下一頁試試各種美味的變化吧。

杏仁奶水果昔

成人 1 人份或兒童 2 人份

非常美莓

1 杯（240 毫升）杏仁奶

1/2 杯（120 公克）藍莓

1/2 杯（120 公克）覆盆子

1 根香蕉

驚喜奇異果

1 杯（240 毫升）杏仁奶

1/2 杯（120 公克）藍莓

1/2 杯（120 公克）覆盆子

1 根香蕉

2 顆奇異果

1 大匙切碎的薄荷葉，可省略

超級抗氧化

1 杯（240 毫升）杏仁奶

1/2 杯（120 公克）菠菜

1/2 杯（120 公克）羽衣甘藍

2/3 杯（160 公克）冷凍芒果

2/3 杯香蕉（約 160 公克，冷凍或新鮮均可，但冷凍的比較好）

1 小匙蜂蜜（1 歲以上才可以吃）或生龍舌蘭糖漿

在果汁機中加入選擇的果昔食材，打到綿密柔滑。

小技巧：把平常做菜用剩的蔬菜保存起來，通通都加進果昔中，你也可以嘗試做出各種不同口味的蔬果昔！

優格果昔

別擔心打太多，我喜歡多做一點放在冰箱裡當點心喝。

成人 **1** 人份或兒童 **2** 人份

三種莓果

1/4 杯（60 公克）覆盆子

1/4 杯（60 公克）藍莓

1/4 杯（60 公克）黑莓

1/2 根冷凍香蕉

1/2 杯（120 公克）無糖原味優格

1 大匙蜂蜜（1 歲以上才可以吃），可省略

熱帶風情

1 根冷凍香蕉

1/2 杯（120 公克）冷凍鳳梨

1/2 杯（120 公克）芒果塊

1/2 杯（120 公克）無糖原味優格

1/4 杯（60 毫升）柳橙汁或鳳梨汁

在果汁機中加入選擇的果昔食材，打到綿密柔滑。

堅果醬果昔

成人 **1** 人份或兒童 **2** 人份

2 大匙花生、杏仁或葵花子醬

1/2 杯（120 公克）藍莓、覆盆子或黑莓

1 根香蕉

1 杯（240 毫升）杏仁奶

1 大匙蜂蜜（1 歲以上才可以吃），可省略

在果汁機中加入選擇的果昔食材，打到綿密柔滑。

超快速午餐

接下來提供的幾道午餐食譜，都採用保鮮期較長的常備食材製作而成。

罐頭鮪魚酸豆沙拉

2 到 4 人份

2 罐（每罐 5~6 盎司，約 140~170 公克）油漬鮪魚罐頭，瀝乾

1/2 大匙第戎芥末醬

2 大匙酸豆

1/2 顆洋蔥，切碎

1 顆檸檬擠出的汁

3 根酸黃瓜，切碎

1 大匙美乃滋

1 根芹菜，切碎

1/2 小匙鹽

1 小匙黑胡椒

3 大匙頂級橄欖油

鮪魚、芥末醬、酸豆、洋蔥、檸檬汁、酸黃瓜、美乃滋和芹菜放入大碗中拌勻。灑上鹽和黑胡椒，加入橄欖油後再次拌勻，即可享用。這道沙拉可以單吃、包生菜或做成三明治（加幾片蘿蔓生菜和番茄，搭配巧巴達或義大利麵包片）。

鮪魚豆沙拉

4 人份

2 罐（每罐 5~6 盎司，約 140~170 公克）油漬鮪魚罐頭，瀝乾

2 罐（每罐 14~16 盎司，約 400~450 公克）罐裝利馬豆或白腰豆，瀝乾

1/2 顆洋蔥，切碎

1 根芹菜，切碎

1 小匙切碎的新鮮迷迭香

1 大匙切碎的新鮮羅勒

1/2 小匙鹽

1 小匙黑胡椒

1 顆檸檬擠出的汁

1 大匙紅酒或白酒醋

3 大匙頂級橄欖油

把所有食材放入大碗中攪拌均勻。這道食譜我採用比白腰豆更大更綿密的利馬豆，但這種豆子可能不太好買到，一般來說，白腰豆和利馬豆都很適合用來做這道菜。

鯖魚馬鈴薯沙拉

鯖魚罐頭是輕鬆攝取魚類油脂的好方法。小型魚汞含量較少，但富含健康的 Omega-3 脂肪酸。價格比鮪魚貴兩倍，但非常值得。這道菜很適合買不到新鮮鯖魚的人。

4 人份

1/2 磅（約 225~230 公克）洗乾淨的小馬鈴薯

1 又 1/2 小匙鹽

3 罐（每罐 4 盎司，約 110~115 公克）油漬鯖魚罐頭，瀝乾

15 顆卡拉馬塔橄欖，去籽切半

2 大匙酸豆

1 顆檸檬擠出的汁

1/4 杯（60 毫升）頂級橄欖油

1 大匙紅酒醋

1 小匙黑胡椒

馬鈴薯放入注滿冷水的鍋裡，加 1 小匙鹽煮滾，再煮 5 至 7 分鐘直到可用叉子刺穿。瀝乾後用冷水沖洗，切成約 0.5 公分厚的片狀，再加入鯖魚、橄欖油、酸豆、檸檬汁、橄欖油、醋、剩下的 1/2 小匙鹽和黑胡椒。攪拌均勻，把鯖魚壓碎。

小技巧：如果有剩下的魚、雞肉或任何瘦肉，都可以做成三明治。我建議加幾片芝麻葉和普切塔配料（請參考 188 至 189 頁的普切塔食譜）。

泥狀與糊狀食物

Ⓑ 嬰兒
Ⓚ 兒童
Ⓢ 銀髮族

蔬菜泥

Ⓑ 嬰兒　Ⓚ 兒童

我沒有收錄很多專門給寶寶吃的蔬菜泥食譜，因為他們應該和大人吃一樣的東西，才是地中海飲食風格。任何食物都可以用果汁機打成泥，我媽以前都用叉子壓碎。我之前提過，這種做法能建立寶寶對健康食物的喜好。當然，嬰兒食物有些特別該小心的事項，並注意寶寶的過敏史。若有過敏情形，請詢問醫生孩子適合吃什麼。基本上，給寶寶吃的食物盡量少加鹽和糖，避免味道強烈的香料，可以先舀出寶寶的份量後，再依個人喜好加香料和少許鹽。這些食譜可當作嬰兒餐，份量再依用餐人數等比例增加。

附註：這些蔬菜泥可以多加點橄欖油讓質地更柔軟，調整成喜歡的口感。加入 2 大匙煮菜水或牛奶更滑順。

可當作成人 2 人份的配菜
小孩的份量依照年齡而定

牛皮菜

1 顆中型馬鈴薯，削皮切成塊狀
3 根牛皮菜葉，去掉菜梗切碎
2 大匙頂級橄欖油
1 小撮鹽，可省略

1. 馬鈴薯塊放入小鍋，注入冷水覆蓋。水滾後持續煮 8 至 10 分鐘，直到叉子可輕鬆穿透。加入牛皮菜後再煮 4 至 5 分鐘。
2. 瀝乾水份，馬鈴薯和牛皮菜倒回鍋中，用壓泥器壓成泥。
3. 壓泥的同時倒入橄欖油（成人可加鹽）。壓到看不見完整的菜葉，但不要完全混合。

胡蘿蔔

1 顆中型馬鈴薯，削皮切成塊狀
1/2 根去皮胡蘿蔔，切成大塊
2 大匙頂級橄欖油
1 小撮鹽，可省略

1. 馬鈴薯塊及胡蘿蔔塊放入小鍋，注入冷水覆蓋。水滾後持續煮 8 至 10 分鐘，直到叉子可輕鬆穿透。

2. 瀝乾水份，馬鈴薯和胡蘿蔔倒回鍋中，用壓泥器壓成泥。
3. 壓泥的同時倒入橄欖油（成人可加鹽）。

菠菜

1 顆中型馬鈴薯，削皮切成塊狀

2 把（每把約 180 公克）新鮮菠菜或嫩菠菜，切碎去梗

2 大匙頂級橄欖油

1 小撮鹽，可省略

1. 馬鈴薯塊放入小鍋，注入冷水覆蓋。水滾後持續煮 8 至 10 分鐘，直到叉子可輕鬆穿透。加入菠菜後再煮 2 分鐘。
2. 瀝乾水份倒回鍋中，加入橄欖油（成人可加鹽），用壓泥器壓成泥。壓到看不見完整的菜葉，但不要完全混合。

豌豆

1 顆中型馬鈴薯，削皮切成塊狀

1/4 杯（60 公克）冷凍豌豆

2 大匙頂級橄欖油

1 小撮鹽，可省略

1. 馬鈴薯塊及胡蘿蔔塊放入小鍋，注入冷水覆蓋。水滾後持續煮 8 至 10 分鐘直到軟熟（如果只給成人吃，不用煮太久）。最後 4 分鐘時加入豌豆，再煮到馬鈴薯熟透。
2. 瀝乾水份，馬鈴薯和豌豆倒回鍋中，用壓泥器壓成泥。
3. 壓泥的同時倒入橄欖油（成人可加鹽）。

地瓜泥

Ⓑ 嬰兒　Ⓚ 兒童

地瓜是蔬菜中的巨星，富含纖維質、維生素和抗氧化物等健康成份。天然的甜味非常受小孩歡迎。如果小孩的年齡夠大，請保留外皮以獲得最完整的營養價值。想要更吸引小孩的味蕾，可以灑一點黑糖，烘烤後會融入地瓜泥中。

可當作成人 2 人份的配菜
小孩的份量依照年齡而定

3 大匙頂級橄欖油
2 顆中型地瓜，去皮後切成約 1 公分厚片
1/2 小匙鹽，可省略

1. 預熱烤箱到攝氏 220 度。
2. 烤盤抹上 1 大匙橄欖油，舖滿地瓜片後再淋 1 大匙橄欖油。搖晃烤盤讓地瓜均勻裹上油。
3. 在地瓜片上灑鹽（可省略），用鋁箔紙蓋住，烘烤 30 至 40 分鐘直到軟熟。
4. 烤好的地瓜倒進盆中壓成泥，用叉子拌入剩下的 1 大匙橄欖油。

快速小技巧：趕時間的話，把整顆地瓜沾一點橄欖油，用叉子戳幾下後放在盤子上，強火微波 5 至 10 分鐘，時間過一半時翻面。接著可壓成泥或當作烤地瓜食用。

沙拉

Ⓑ 嬰兒

Ⓚ 兒童

Ⓢ 銀髮族

松子葡萄乾捲葉羽衣甘藍沙拉

Ⓢ 銀髮族

4 人份

1/4 杯（60 毫升）頂級橄欖油
4 顆大蒜，壓碎
2 把捲葉羽衣甘藍，切掉菜梗
3 大匙烤過的松子
3 大匙葡萄乾
2 大匙巴薩米可醋
鹽和黑胡椒

1. 在小鍋中放入橄欖油及大蒜小火加熱，不要讓蒜片上色。準備沙拉材料時先保溫。
2. 羽衣甘藍葉切成細絲。
3. 丟掉熱油裡的大蒜。在大盆中加入羽衣甘藍、松子、葡萄乾、巴薩米可醋和蒜味油拌勻。熱油會軟化羽衣甘藍。
4. 加入鹽和黑胡椒調味後食用。

西西里綜合沙拉

Ⓢ 銀髮族

這個沙拉是典型的西西里風格－把手邊的當季蔬菜拌在一起做成沙拉。可能有蘿蔓生菜、番茄、青豆、蠶豆和茄子。我們都在菜園裡採集蔬菜，拌成沙拉後在附近的核桃樹下享用。我想說的是，雖然以下的食材搭配很美味，但不必完全依照這個食譜。手邊有什麼就用什麼吧！

6 到 8 人份

油醋醬

1/2 杯（120 毫升）頂級橄欖油

1/3 杯（80 毫升）檸檬汁

1 大匙檸檬皮屑

1 小匙鹽

1 小匙黑胡椒

沙拉

1 顆菊苣（請見附註），切成大塊

1 顆綠捲鬚生菜，切成大塊

1 顆蘿蔓生菜，剝掉外層葉片切成大塊

1 顆茴香，切成細絲

8 顆切成薄片的櫻桃蘿蔔

120 公克蘆筍，切成約 2 公分長的段狀

120 公克四季豆，切成約 2 公分長的段狀

1 顆酪梨，去皮切成約 2 公分長的條狀

鹽和黑胡椒

1. 首先製作油醋醬。把橄欖油、檸檬汁和皮屑、鹽、黑胡椒，倒入中型碗攪拌均勻備用。這個醬汁可冷藏保存數小時（最好當天製作完馬上使用）。

2. 接著製作沙拉。菊苣和其他生菜放進大盆，拌入茴香和櫻桃蘿蔔片。
3. 大火煮滾一鍋水，準備一碗冰水放在旁邊。蘆筍和四季豆放入滾水燙 4 分鐘，再浸冰水冷卻。取出並瀝乾水份。
4. 蘆筍、四季豆和酪梨倒入生菜盆，加入油醋醬拌勻，以鹽跟黑胡椒調味。

附註：我喜歡菊苣—一種產於地中海地區的紫葉白梗葉菜，又叫義大利菊苣。它是多種維生素（特別是維生素 K）、礦物質和葉黃素的優質來源。味道苦辣，烤過後會變得比較溫和，但很適合當沙拉生吃。最好挑選沉甸而結實的菊苣，不像其他生菜那麼快壞掉是它的一大優點。

菜色變化小技巧：把手邊剩下的各種蔬菜切一切，加一兩片生菜做成沙拉。可搭配這個食譜的油醋醬。

巴勒摩沙拉

Ⓢ 銀髮族

巴勒摩是西西里的首都，這道沙拉是當地特色菜。請自由選擇要使用哪種軟質起司。

4 人份

沙拉醬

1 大匙第戎芥末醬

3 大匙雪利酒醋

1 小匙鹽

1 小匙黑胡椒

1/4 杯（60 毫升）頂級橄欖油

沙拉

1 小匙鹽

240 公克切掉頭尾的四季豆

8 顆小薯，刷洗乾淨保留外皮

2 顆嫩蘿蔓，剝開葉片洗淨擦乾

4 顆切片的橢圓番茄

1/4 杯（60 公克）去籽卡拉馬塔橄欖

1/4 杯（60 公克）起司，切成細條狀或削成絲

12 片鯷魚

1. 大火煮滾一鍋水。
2. 首先製作沙拉醬。芥末醬、醋、鹽和黑胡椒放入碗中用叉子攪拌均勻，一邊攪拌一邊緩緩倒入油，混合均勻後備用。
3. 接著製作沙拉。水滾加入鹽和四季豆，煮滾後再煮 2 分鐘。同時準備一大碗冰水放在旁邊。
4. 用濾勺撈出四季豆，浸冰水冷卻。
5. 再同一鍋滾水內加入馬鈴薯，煮 5 至 7 分鐘直到叉子可以輕鬆穿透。瀝乾水份，把馬鈴薯切成 0.5 公分厚的薄片。
6. 生菜、四季豆、馬鈴薯、番茄和橄欖平均分到餐盤上，舖上起司條和 3 片鯷魚，食用前淋沙拉醬。

健康版高麗菜沙拉

這道菜最好冷藏 24 小時後再食用。

6 人份

3 片月桂葉

1 大匙鹽

1/4 杯（60 毫升）白酒醋

1/4 杯（60 毫升）頂級橄欖油

1 顆大蒜，壓碎

1/4 杯（60 公克）糖

1 顆中型高麗菜（大約 1.2 公斤），切成絲

3 顆去皮胡蘿蔔，切成絲

1. 月桂葉和 1 公升冷水放入鍋裡，煮滾後冷卻。挾出月桂葉丟掉。
2. 在碗中拌勻鹽、醋、油大蒜和糖，倒入月桂葉水。
3. 高麗菜和胡蘿蔔放進有蓋的大型容器，慢慢把醬汁倒入菜絲中，輕輕壓緊後蓋起來冷藏。冰越久越好吃，至少要冷藏 2 小時（最多 24 小時）。食用前把大蒜丟掉。

藜麥塔布列沙拉

無麩質的藜麥是良好的蛋白質、鐵和纖維質來源。

4 人份

塔布列沙拉

1 杯（240 公克）洗淨的藜麥

1 把羽衣甘藍，去掉菜梗切碎葉片（請見附註）

1/2 杯（120 公克）去籽切碎的橢圓番茄

1/3 杯（80 公克）切碎的小黃瓜

1/2 杯（120 公克）切碎的巴西利葉

1/4 杯（60 公克）切碎的櫻桃蘿蔔

1 大匙切碎的薄荷葉

沙拉醬

1/4 杯（60 毫升）頂級橄欖油

1 又 1/2 顆檸檬打出的汁

1 小匙鹽

1 小匙黑胡椒

1/2 小匙孜然粉

1. 中鍋放入藜麥和大約 420 毫升的水，大火煮滾。
2. 轉小火蓋上鍋蓋，煮 20 至 25 分鐘，直到水份吸收。
3. 鍋子離火，用叉子翻鬆藜麥，冷卻到室溫。
4. 煮好的藜麥放入大盆，和羽衣甘藍、番茄、小黃瓜、巴西利葉、櫻桃蘿蔔跟薄荷葉拌匀。
5. 在小碗中拌勻油和檸檬汁，加入鹽、黑胡椒、孜然粉做成沙拉醬。
6. 醬汁倒入沙拉拌勻。

附註：羽衣甘藍富含鈣質和維生素 K，可預防骨質疏鬆並強化骨骼。

茴香柳橙沙拉

Ⓢ 銀髮族

這是我最喜歡的西西里料理，最好冷藏食用。

4 人份

3 顆切掉葉子的茴香
1/2 杯（120 公克）石榴籽
1 顆中型紫洋蔥，切成薄片
2 顆柳橙，去皮剝下果肉切半
1/4 杯（60 毫升）現榨柳橙汁
2 大匙檸檬汁
1 小匙鹽
1 小匙黑胡椒
4 大匙頂級橄欖油

1. 剝掉茴香外層的硬殼，剖半後切成薄片，可以用切片器輔助。
2. 茴香、石榴籽、洋蔥和柳橙放入盆中，冷藏 30 分鐘。
3. 柳橙汁、檸檬汁、鹽和黑胡椒放進另一個碗，加入油攪拌均勻後淋在沙拉上。

柳橙的驚人健康功效

西西里島盛產柑橘類，經常出現在當地的食譜中，我想特別強調柳橙的健康功效。一顆柳橙含有將近 170 種不同的植物營養素，60 種以上的類黃酮，作用包括抗發炎、抗腫瘤、防止血栓及強大的抗氧化力。柳橙眾多的營養價值舉例如下：

- 升糖指數低，不會讓血糖飆升。
- 富含抗癌的檸檬苦素也能預防腎結石。
- 可溶性纖維能增加飽足感，降低膽固醇。
- 豐富的多酚可避免病毒感染。
- 類胡蘿蔔素可轉化成維生素 A，預防肌肉老化造成的視力衰退。
- β - 胡蘿蔔素強大的抗氧化功能，可保護肌膚不受自由基損害，延緩老化。

烤雞酸豆沙拉

4 人份

6 大匙頂級橄欖油

3 大匙紅酒醋

1 小匙鹽

1 小匙黑胡椒

4 大匙酸豆，瀝乾

1 顆蘿蔓生菜，剝掉外層葉片切碎後冷藏

2 片現烤雞胸肉，切成一口大小的塊狀

1. 油和醋放進小碗攪拌均勻，加入鹽、黑胡椒和酸豆。

2. 生菜和雞胸肉塊放進大盆。

3. 淋上沙拉醬，攪拌均勻後趁雞胸肉溫熱盡快食用。

小技巧：大部份的蔬菜和沙拉菜都適合冷藏食用。有時間的話，把未淋醬的沙拉葉和蔬菜，用保鮮膜封住，冷藏 30 分鐘到 1 小時後再食用。

鷹嘴豆鮪魚沙拉

Ⓢ 銀髮族

這道菜也可以用現烤鮪魚、蝦或扇貝製作。

4 人份

2 罐（每罐 5~6 盎司，約 140~170 公克）的油漬鮪魚塊，瀝乾

2 罐（每罐 14~16 盎司，約 400~450 公克）鷹嘴豆，瀝乾

1 顆切碎的紫洋蔥

2 顆新鮮橢圓番茄，去籽切碎

2 大匙切碎的新鮮巴西利葉

2 大匙切碎的新鮮羅勒

1/4 杯（60 毫升）頂級橄欖油

1 小匙紅酒醋

1 又 1/2 顆檸檬打出的汁

1 小匙鹽

1 小匙黑胡椒

1. 鮪魚塊放入大盆，用叉子壓碎。
2. 加入鷹嘴豆、洋蔥、番茄、巴西利葉、羅勒、油、醋、檸檬汁、鹽和黑胡椒。
3. 攪拌均勻後食用。

柳橙蛋沙拉

Ⓚ 兒童　Ⓢ 銀髮族

你可能會覺得這道菜聽起來很奇怪，但每個人吃過後都改觀了！我通常搭配一片義大利長棍麵包吃。找不到茴香的話，不加也一樣美味。

4 人份

4 顆水煮蛋（請見附註）
1 顆茴香，去掉葉子剝除外殼，切成細絲
2 顆柳橙，去皮切瓣
3 大匙頂級橄欖油
1/2 小匙鹽
1 小匙黑胡椒

1. 剝掉蛋殼對切成 4 片，放進大而淺的碗中。
2. 加入茴香、柳橙油、鹽和黑胡椒輕輕拌勻。

附註：想煮出熟度完美又好剝的水煮蛋，請把雞蛋放進不會互相碰撞的大鍋裡，注入冷水覆蓋。大火煮滾後馬上關火，讓蛋在水裡泡 5 分鐘再小心地撈出來。剝皮食用或運用在食譜中。

烤茄子番茄沙拉

Ⓢ 銀髮族

4 人份

沙拉

4 根嫩茄子，間隔去皮（從頭到尾削 3 次，變成條紋狀），切成 2 公分大小的塊狀

3 大匙頂級橄欖油

1 又 1/2 小匙鹽

470~480 公克的小番茄，對切

2 大匙切碎的的新鮮羅勒

沙拉醬

1/2 杯（120 毫升）頂級橄欖油

2 瓣大蒜，切末

2 大匙紅酒或白酒醋

1 小匙黑胡椒

1/2 小匙鹽

1. 預熱烤箱上火。
2. 茄子塊平舖在不沾烤盤上，淋橄欖油並灑鹽。
3. 烤 5 到 7 分鐘，不時搖晃烤盤直到上色。
4. 烤好的茄子放進大碗，加入番茄和羅勒。
5. 在小碗中放入油、大蒜、醋、黑胡椒和鹽攪拌均勻做成醬汁。食用前淋在沙拉上。

小技巧：使用大顆或較老的茄子，料理前先灑鹽，可減少孔洞，味道也比較好（小型嫩茄子不需要）。鹽會讓水份流出，茄子變得更結實並排掉籽的苦水。鹽漬後茄子沒那麼會吸油，可以減少用油量。做法是茄子切好後灑上大量的粗鹽，靜置 20 分鐘至 1 小時，再用冷水沖掉鹽並拍乾。如果未註明，鹽漬後請減少食譜中一半的鹽量（我的食譜均假設沒有經過鹽漬）。

柳橙橄欖沙拉

這道沙拉展現了西西里島柳橙和橄欖的天然美味，酸甜滋味的完美平衡。我使用綠橄欖，但也可換成任何你喜歡的橄欖。

4 人份

6 顆柳橙

1 杯去籽綠橄欖，切半

1/2 小匙黑胡椒

1/4 小匙鹽

1/4 杯（60 毫升）頂級橄欖油

1. 柳橙去皮，盡量剝掉木髓（白色的部份）。剖半後切成 0.8 公分厚的半月形。
2. 柳橙放入大碗後加進橄欖、黑胡椒和鹽，淋上橄欖油拌勻。

地中海馬鈴薯沙拉

這道菜是典型西西里的常備菜。最好趁馬鈴薯溫熱時食用。我喜歡用白巴薩米可醋製作，很多人可能不太熟悉。這種醋的味道香醇，沒有紅酒或白酒醋的酸味。白巴薩米可醋讓這道菜變得很特別，而且超好吃。

4 人份

4 顆馬鈴薯，去皮切成 5 公分大小的塊狀
1 又 1/2 匙鹽
2 大匙白巴薩米可醋（或紅酒醋或白酒）
1/2 小匙黑胡椒
1 顆大蒜，切末
1/2 小匙乾燥奧勒岡
6 大匙頂級橄欖油

1. 馬鈴薯和 1 小匙鹽放入大鍋冷水中。大火煮滾後煮 10 分鐘左右，直到叉子可以輕鬆穿透。
2. 同時在小碗中混合醋、黑胡椒、大蒜、奧勒岡和剩下的 1/2 小匙鹽，加入油攪拌。
3. 瀝乾馬鈴薯並放入大碗，淋上醬汁拌勻。

巴薩米可醋烤牛肉沙拉

這道沙拉非常健康，運用多種地中海飲食的特色食材，包括抗氧化的蔬菜和富含 Omega-3 脂肪酸的堅果。

6 人份

1 大匙第戎芥末醬

3 大匙巴薩米可醋

1 小匙鹽

1 小匙黑胡椒

6 大匙頂級橄欖油

6 顆生甜菜

1/2 顆紫洋蔥，切成細絲

1 把杏仁或堅果

2 把芝麻葉，洗淨拍乾水份

1. 預熱烤箱到攝氏 230 度。
2. 在小碗中混合芥末、醋、鹽和黑胡椒。慢慢地加入油攪拌均勻，調好的油醋醬備用。
3. 甜菜用鋁箔紙包起來，烘烤 45 分鐘至 1 小時（直到叉子可以穿透，或軟到可以叉入刀子）。
4. 等甜菜冷卻後，去皮切成角狀。
5. 甜菜放入碗中，加洋蔥和一半的油醋醬拌勻。
6. 中火熱鍋，加入堅果烘烤 2 至 3 分鐘，不時攪拌以免燒焦。
7. 芝麻葉放入另一個碗中，淋上剩下的油醋醬。
8. 在每個餐盤上舖芝麻葉，再疊上甜菜根並灑點堅果。

小技巧：喜歡的話，可在這道沙拉中加入捏碎的藍起司，超好吃。

可米沙納沙拉（佩科里諾起司沙拉）

可米沙納羊是西西里島特產的綿羊，佩科里諾起司是綿羊奶製成的起司。現在大家比較常吃牛奶起司，但我小時候，佩科里諾才是最常見的起司，因為我們養的牛比較少。這道沙拉可用各種生菜製作，我喜歡奶油生菜或蘿蔓。

4 人份

2 顆柳橙

1 顆茴香，去掉葉子剝除外殼，切成細絲

6 片生菜葉，切成細絲

1 顆青蘋果，削皮去核後切塊

1 顆中型紫洋蔥，切成細絲

3 大匙頂級橄欖油

1 又 1/2 小匙鹽

1 大匙巴薩米可醋

1/4 小匙辣椒片

1/2 杯（120 公克）磨碎的佩科里諾起司

1. 柳橙去皮，盡量剝掉木髓（白色的部份）。每瓣柳橙切半。
2. 柳橙、茴香、生菜、蘋果和洋蔥放入大碗。淋上橄欖油，灑鹽、醋和辣椒片拌勻。食用時灑上起司碎。

蘑菇沙拉

如果找不到褐色蘑菇的話，這道沙拉可以全部用白蘑菇。

4 人份

230 公克白蘑菇，去蒂切成薄片

230 公克褐色蘑菇，去蒂切成薄片

3 根芹菜切薄片

1 顆檸檬擠出的汁

1/2 小匙鹽

1/2 小匙黑胡椒

1/4 杯（60 毫升）頂級橄欖油

1 大匙切碎的巴西利葉

1/2 杯（120 公克）磨碎的帕馬森起司

1. 蘑菇和芹菜放入大碗中。
2. 在小碗中混合檸檬汁，鹽和黑胡椒，慢慢加入橄欖油攪拌均勻。
3. 蘑菇和芹菜拌入醬汁，再加巴西利葉。
4. 沙拉分到個人餐盤，每份灑上磨碎的帕馬森起司。

白鮭沙拉

我爸超愛這道沙拉。我以前常到義大利食物專賣店買給他吃，有時間的話也會自己做，他比較喜歡我做的。店裡賣的只加了點美乃滋、鹽和黑胡椒而已。我多加了點調味，讓味道更豐富。

4 到 6 人份

1 條中型燻白鮭
1 大匙美乃滋
3 大匙原味希臘優格
3 大匙酸豆，切碎
3 大匙芹菜，細細切碎
1/2 顆中型洋蔥，切碎
1/2 小匙鹽
1 小匙黑胡椒
1/2 顆檸檬擠出的汁
2 大匙頂級橄欖油

1. 魚肉去骨放入中型碗，用手捏成 2 公分大小的塊狀。
2. 在另一個中型碗裡，用叉子混合美乃滋和優格。
3. 酸豆、芹菜、洋蔥、鹽、黑胡椒、檸檬汁和油拌勻，拌入白鮭肉後食用。這道沙拉最多可冷藏保存 2 天。

湯

Ⓑ 嬰兒
Ⓚ 兒童
Ⓢ 銀髮族

三種義大利雜菜湯

Ⓚ 兒童　Ⓢ 銀髮族

雜菜湯沒有一定的食譜。我提供三種建議的組合，可以依照個人喜好和手邊的食材加減蔬菜。在西西里，我家的雜菜湯總是使用當季的蔬菜，不管剩下什麼蔬菜都丟進鍋裡。

我們都會煮比較大鍋的雜菜湯，沒吃完的收進冰箱當點心，或接下來幾天的正餐，也可以冷凍保存。

雜菜湯可以打成綿密的濃湯給寶寶吃。因為裡面都加了番茄，如果寶寶不滿一歲，請詢問醫生此時開始餵食番茄是否安全。

羽衣甘藍雜菜湯

這道料理有超多優點－簡單、快速、又能一鍋搞定。我太太很喜歡我煮這道菜，因為我每次都會煮一大鍋，當作全家人的晚餐。我家的孩子從 9 個月大開始，就跟大人一起喝這道湯，但我們會用果汁機打成泥餵他們（請見 152 頁的小技巧）。我會在湯裡加入義大利米或麵來增加飽足感，自由選擇在打成泥前後加入，配合各年齡層的需求。根據個人及小孩的喜好搭配不同蔬菜，比如說我兒子最討厭豌豆，如果沒打成濃湯他一定不會喝。所以我們用白腰豆煮雜菜湯，味道有點不一樣，但一樣好吃。這個版本的食譜裡加了羽衣甘藍，一種原產自地中海地區的蔬菜，屬於花椰菜和白花椰菜的十字花科家族。抗氧化物含量極高，也富含維生素、礦物質、鈣、鉀、蛋白質和纖維質。

6 到 8 人份

6 大匙頂級橄欖油

1 罐（每罐 14 盎司，約 400 公克）碎番茄

1 大匙鹽，可省略

2 根胡蘿蔔，切成約 0.5 公分大小的塊狀

1 顆中型洋蔥，切碎

1/2 顆綠花椰菜，切成約 2.5 公分大小的小塊（2 至 3 杯，越多越好）

1 根韭蔥，只用蔥白，切碎

2 根芹菜，切成約 0.5 公分大小的塊狀

2 杯（480 公克）切碎的羽衣甘藍葉

1 杯（240 公克）四季豆，去頭尾切成約 2.5 公分長的段狀

1 罐（每罐 8 盎司，約 225~230 公克）番茄丁

2 罐（每罐 14 盎司，約 400 公克）瀝乾洗淨的白腰豆，或 2 杯（480 公克）解凍好的冷凍豌豆

1 杯（240 公克）短義大利麵（成人可用圓圈麵，小孩可用米麵），照包裝指示煮熟，可省略

黑胡椒，可省略

1. 中火熱一個大湯鍋，加入 1 大匙橄欖油，翻炒碎番茄 15 分鐘。
2. 加入 2 公升的水煮滾，加鹽（視個人喜好）、1 大匙油、胡蘿蔔、洋蔥、綠花椰菜、韭蔥、芹菜、羽衣甘藍、四季豆和番茄丁。
3. 湯煮滾後，轉小火燉煮 20 至 25 分鐘，在最後 5 分鐘加入豆子和義大利麵（視個人喜好）。
4. 分到各碗中，淋上剩下的 4 大匙橄欖油。（視個人喜好，成人吃的可加黑胡椒調味。）

小技巧：用果汁機把這道湯打成泥，再倒進塑膠嬰兒食物盒或彈性冰塊盒冷凍，可當作方便的嬰兒食物。需要時隨時解凍就能吃。冷凍時先不要加義大利麵，解凍後再視個人喜好添加。

鷹嘴豆雜菜湯

雜菜湯裡加了鷹嘴豆和義大利麵，增添飽足感。

6 到 8 人份

- 1 公斤乾鷹嘴豆，浸泡隔夜，瀝乾洗淨（亦可用罐裝鷹嘴豆）
- 1 小匙小蘇打粉
- 1 大匙又 1/2 小匙鹽
- 7 大匙頂級橄欖油
- 1 顆大型洋蔥，切碎
- 3 顆橢圓番茄，去皮去籽切碎
- 1 小匙切碎的新鮮迷迭香
- 1 小匙黑胡椒
- 1 小匙辣椒片
- 1/2 杯（120 公克）小管麵（或任何可以用湯匙吃的小型義大利麵），照包裝指示煮熟

1. 若使用乾鷹嘴豆，把浸泡的水倒掉洗淨放進大鍋。加入可蓋住豆子兩根手指頭深的水量，加小蘇打粉和 1 小匙鹽。大火煮滾後轉小火，煮約 40 至 60 分鐘，直到鷹嘴豆軟熟。如果使用罐裝鷹嘴豆，加入兩指深的水量，煮滾後再照以下的步驟操作。
2. 另在一個湯鍋中火熱 4 大匙橄欖油，加入洋蔥、番茄、迷迭香、黑胡椒和辣椒片。翻炒 10 分鐘後，再加入煮好的鷹嘴豆湯鍋中。
3. 鍋子離火，靜置 5 分鐘讓味道融合再食用。上桌前拌入小管麵，分裝到碗中再淋上剩下的橄欖油。

運用乾豆料理

有些食譜要求使用乾豆，有些要求罐裝豆，你可以自行選擇。煮熟的乾豆口感比罐裝的好（不會太軟爛），保有比較豐富的維生素和礦物質，而且少了裝罐過程添加的鈉。當然罐裝豆很方便，使用前先沖洗乾淨可減少鹽量。

四豆米飯雜菜湯

6 到 8 人份

1 杯（240 公克）長米

2/3 杯（160 毫升）頂級橄欖油

1 杯（240 公克）切成約 1 公分塊狀的馬鈴薯

1 顆中型洋蔥，切碎

1/4 杯（60 公克）切碎的芹菜

1/2 杯（120 公克）切碎的胡蘿蔔

3 顆橢圓番茄，去皮切碎

1 杯（240 公克）四季豆，去頭尾切成約 2.5 公分長的段狀

1 又 1/2 大匙鹽

1 杯（240 公克）冷凍豌豆

1 罐（每罐 14 盎司，約 400 公克）紅腰豆，瀝乾洗淨

1 罐（每罐 14 盎司，約 400 公克）白腰豆，瀝乾洗淨

1 杯（240 公克）冷凍蠶豆，用冷水洗淨

1/2 杯（120 公克）磨碎的帕馬森起司

1. 長米加 2 杯水（約 500 毫升）放入中型湯鍋，蓋上鍋蓋煮滾，再轉小火煮 7 至 10 分鐘，直到米粒變軟，備用。
2. 中火熱一個大湯鍋，加入一半的橄欖油，不停翻炒馬鈴薯塊 3 至 4 分鐘。
3. 加入洋蔥、芹菜、胡蘿蔔，炒 3 至 4 分鐘後加入番茄，再炒 2 至 3 分鐘。
4. 加入可蓋住蔬菜兩指深的水。煮滾後加入四季豆和鹽，煮 3 分鐘。
5. 加入豌豆、紅腰豆、白腰豆和蠶豆，煮滾後再煮 2 至 3 分鐘。
6. 加入米飯，煮到喜歡的稠度，再加入剩下的橄欖油拌勻。
7. 分裝到碗中，灑上起司屑。

聖若瑟節豆子湯

Ⓑ 嬰兒　Ⓚ 兒童　Ⓢ 銀髮族

在我的老家，我們通常在聖若瑟節*煮這道湯。原版食譜使用野茴香，但這裡我改成比較好買到的茴香葉，也可以用蒔蘿代替。

這道湯最好用乾豆類，不要用罐頭。從扁豆、白腰豆或紅腰豆中挑一種乾豆。如果選了白腰豆或紅腰豆，必須先浸泡隔夜（扁豆不需要）。我喜歡加入新鮮的鳥巢麵，麵體長得像比較窄而薄的寬扁麵。鳥巢麵可以自己做、買店裡新鮮現做的，或用一團團的乾燥麵。乾燥麵烹煮的時間也差不多。

此外，這道湯也可以打成滑順的濃湯給寶寶喝。

6 人份

2 杯（480 公克）乾扁豆、白腰豆或紅腰豆（請見 152 頁）

1 顆綠花椰菜，剝成大朵狀

2 杯（480 公克）切碎的茴香葉或蒔蘿

1 大匙鹽，可省略

1 大匙黑胡椒

230 公克新鮮鳥巢麵，切成約 2.5 公分長的條狀

1/4 杯（60 毫升）頂級橄欖油

1. 如果使用紅腰豆或白腰豆，請加足量的水覆蓋，浸泡隔夜。煮湯前再瀝乾。
2. 在大湯鍋裡加入扁豆或泡軟的豆類、綠花椰、茴香葉、鹽（可省略）、黑胡椒和蓋過食材兩指深的水量。小火燉煮 40 分鐘，加入鳥巢麵並斟酌調整鹹度，再煮 5 分鐘。食用前淋上橄欖油。

---

* 聖若瑟節。根據《新約聖經》記載，聖若瑟是聖母瑪利亞的丈夫、耶穌的養父，傳統上，天主教會認定他是聖人，但直到 19 世紀末，才確立每年的 3 月 19 日為他的「瞻禮日」，以紀念、表揚他的神聖事蹟。

韭蔥白腰豆湯

Ⓢ 銀髮族

這道湯品適合 60 歲以上的人，富含銀髮族特別需要的營養。包括健康的植物性蛋白質（年長者常常缺乏蛋白質）、纖維質、維生素 K、鉀、促進鈣質吸收的離胺酸、能降低同半胱胺酸值的葉酸，可預防心臟病。當然，湯裡的食材都很軟，適合牙口不好的人。

4 人份

1/2 杯（120 毫升）頂級橄欖油

2 杯（480 公克）切碎的韭蔥

1 杯（240 公克）切碎的胡蘿蔔

1 杯（240 公克）切碎的芹菜

1 杯（240 公克）切塊的蕪菁

1/2 大匙鹽

6 杯（1.5 公升）雞骨高湯或水

600 公克白腰豆，瀝乾洗淨

1/4 杯（60 公克）磨碎的帕馬森起司

1. 在大湯鍋裡大火加熱 1/4 杯（60 毫升）橄欖油，韭蔥下鍋炒 2 分鐘。
2. 加入胡蘿蔔、芹菜、蕪菁、鹽再炒 2 分鐘，倒入雞骨高湯後煮滾。轉成小火，蓋上鍋蓋燉煮 20 分鐘。
3. 加入白腰豆再煮 2 分鐘。
4. 把湯舀到碗裡，分別灑上起司碎，淋 1 大匙橄欖油。

鷹嘴豆菠菜湯

Ⓢ 銀髮族

這道食譜，是曼哈頓 Brio 餐廳的西西里主廚馬西莫．卡爾朋（Massimo Carbone）提供的。我差不多每個禮拜都去一次他的餐廳，就為了喝這碗湯！

4 到 6 人份

4 大匙頂級橄欖油

4 瓣大蒜，壓碎

1 大匙切碎的迷迭香

1 公斤乾鷹嘴豆，浸泡隔夜，瀝乾洗淨（亦可用罐裝鷹嘴豆）

1.5 公升蔬菜高湯或水

1 小匙鹽

4 杯（1 公斤）嫩菠菜

1. 在大湯鍋裡中火加熱 2 大匙橄欖油，加入大蒜煸 1 至 1 分半鐘，變成微黃色後挑掉大蒜。
2. 加入迷迭香和鷹嘴豆炒 2 分鐘，再倒入蔬菜高湯和鹽煮滾。轉小火燉煮，使用罐裝豆的話 10 分鐘，乾豆 40 至 50 分鐘。
3. 鷹嘴豆煮軟後，舀出 1 杯（240 公克）放入果汁機打碎。
4. 打成泥的鷹嘴豆倒回鍋裡，加入菠菜再煮一下。
5. 食用前淋上剩下的 2 大匙橄欖油。

綜合蔬菜濃湯

Ⓑ 嬰兒　Ⓚ 兒童　Ⓢ 銀髮族

可以打成滑順的濃湯給寶寶喝。

4 人份

6 大匙頂級橄欖油

1 根韭蔥，只用蔥白，切碎

2 根胡蘿蔔，切成 0.5 公分大小的塊狀

2 顆蕪菁，去皮切成 0.5 公分大小的塊狀

1 小匙鹽，可省略

1 小匙黑胡椒

2 杯（480 公克）切碎的牛皮菜葉

1 罐（每罐 14 盎司，約 400 公克）白腰豆與汁液

1/4 杯（60 公克）磨碎的帕馬森起司

1. 在中型湯鍋裡中大火加熱 4 大匙橄欖油，加入韭蔥、胡蘿蔔和蕪菁，炒 3 至 4 分鐘。
2. 加入鹽（可省略）、黑胡椒及蓋過蔬菜約 2.5 公分深的水。
3. 煮滾後蓋上鍋蓋，中小火煮 10 至 15 分鐘。
4. 加入牛皮菜和白腰豆再煮一下。
5. 把湯分裝到小碗，灑起司屑並淋上剩下的 2 大匙橄欖油。

西班牙冷湯

夏天喝冷湯最消暑！西班牙冷湯的食材都要仔細地切碎。

4 人份

6 顆橢圓番茄，去皮去籽，切碎
2 根黃瓜，去皮去籽，切碎
1 顆中型洋蔥，切碎
1 瓣大蒜，切碎
1 顆青椒，切碎
2 大匙切碎的新鮮芫荽葉
2 大匙切碎的新鮮巴西利
2 根墨西哥辣椒，去籽切碎
1 又 1/2 小匙鹽
1 小匙黑胡椒
4 大匙頂級橄欖油
2 杯（480 毫升）番茄汁

1. 在大碗裡把所有蔬菜和香草、鹽、黑胡椒和 2 大匙橄欖油拌勻。保留 1/4 杯（60 公克）備用。
2. 剩下的冷湯材料和番茄汁倒進果汁機打成泥，冷藏 30 至 45 分鐘。食用時，每碗冷湯加 1 大匙切碎的蔬菜，並淋上剩下的 2 大匙橄欖油。

蔬菜

Ⓑ 嬰兒
Ⓚ 兒童
Ⓢ 銀髮族

蒜香番茄燉南瓜

Ⓢ 銀髮族

熱呼呼地搭配義大利麵包沾著吃。

4 人份

1/4 杯（60 毫升）頂級橄欖油

6 瓣大蒜，壓碎

2/3 杯（160 公克）罐裝碎番茄或切大塊的新鮮番茄

1.3 公斤南瓜，削皮去籽，切成 5 公分大小的塊狀

1/2 大匙鹽

8 片新鮮羅勒葉，切碎

1/2 小匙辣椒片

1. 中火熱一個大湯鍋，加入橄欖油和大蒜，炒到大蒜上色。
2. 加入番茄、南瓜、鹽、羅勒、辣椒片和 1 杯（240 毫升）水，煮滾。
3. 蓋上鍋蓋燉煮 20 至 30 分鐘，每 5 分鐘攪拌一下。叉子可以穿透南瓜時就煮熟了。

奧勒岡醋漬胡蘿蔔

這道菜最好在室溫放一段時間再吃，適合當作自助餐或戶外用餐的菜色。來一場家庭野餐吧！

6 人份

- 450 公克胡蘿蔔，削皮，切成長 5 公分厚的長條
- 3 大匙頂級橄欖油
- 3 瓣大蒜，壓碎
- 1 小匙乾燥奧勒岡
- 3 大匙紅酒醋
- 1 小匙現磨黑胡椒
- 1 小匙鹽

1. 胡蘿蔔放入大鍋鹽水，大火煮滾後煮 3 至 5 分鐘，直到叉子可以穿透。
2. 瀝乾胡蘿蔔的水份，擺在深盤上。
3. 加入剩下的食材拌勻。
4. 靜置 4 至 6 小時後室溫食用。

香料的生命力：無鹽也美味

人的味覺受刺激時，往往覺得食物更好吃。料理中減少了奶油和鹽，可能需要更豐富的味道。相同地隨著年齡增長，味覺退化，唾液分泌讓食物變得沒味道。巧妙的調味可以彌補，但可不要抓起鹽罐來解決這個問題。

不含鈉或鈉含量少的調味料有很多種。依個人喜好，加黑胡椒、葡萄酒或檸檬汁、辣椒片、罌粟籽、墨西哥辣椒或莎莎醬提味。薄鹽醬油也是個好選擇。煮菜時可以像義大利人一樣，運用香草、香料、大蒜和洋蔥，代替鹽或減少鹽量，避免烹煮過久喪失了食材本身的風味。試試不同的調味和口感，帶給味蕾新的刺激。

帕馬森起司烤花椰菜

Ⓚ 兒童　Ⓢ 銀髮族

這是我媽媽的食譜。她年紀大了，喜歡這種簡單好做的菜色。這道菜也很適合小孩，可說是地中海健康版微波花椰菜佐美式起司！

4 人份

6 杯切好的綠花椰菜（1.5 公斤，大約一整顆再多一點點。）

6 大匙頂級橄欖油

6 瓣大蒜，切片

1/2 大匙鹽

1 小匙黑胡椒

1 大匙檸檬汁

1/2 杯（120 公克）磨碎的帕馬森起司

1. 預熱烤箱到攝氏 200 度。
2. 綠花椰菜、4 大匙橄欖油、大蒜、鹽和黑胡椒放入大碗拌勻。花椰菜平鋪在烤盤上，烤 20 分鐘。
3. 從烤箱中取出，趁熱淋上剩下的 2 大匙橄欖油與檸檬汁，灑滿帕馬森起司。

烤南瓜佐洋蔥及球芽甘藍

Ⓢ 銀髮族

6 人份

1.8 公斤南瓜，去皮去籽，切成 7~8 公分長的角狀（約 2~3 公分寬，1~2 公分厚）

10 大匙頂級橄欖油

1 小匙鹽

1 小匙黑胡椒

4 顆大型紫洋蔥，各自對切成 8 片

450 公克球芽甘藍，切半

1. 預熱烤箱到攝氏 200 度。
2. 南瓜、3 大匙橄欖油、各 1/2 小匙的鹽和黑胡椒放入大碗拌勻。南瓜平鋪在烤盤上。
3. 用同一個大碗，拌勻洋蔥、球芽甘藍、3 大匙橄欖油、剩下的鹽和黑胡椒。平鋪在另一個烤盤上。
4. 兩個烤盤各加入 3 大匙水，用鋁箔紙覆蓋後放入烤箱。
5. 洋蔥和球芽甘藍烤 15 分鐘後，撕掉鋁箔紙再烤 7 至 10 分鐘。
6. 南瓜烤 20 分鐘後，撕掉鋁箔紙再烤 10 分鐘直到軟熟。
7. 烤好的蔬菜倒進大餐盤，淋上剩下的 4 大匙橄欖油。

橄欖油馬鈴薯泥

Ⓑ 嬰兒　Ⓚ 兒童

放下加了一堆奶油和鮮奶油的馬鈴薯泥，試試這道料理吧。這道配菜美味、好變化又簡單，做起來也不會比沒那麼營養的版本麻煩。我喜歡保留馬鈴薯皮，攝取更多的維生素、礦物質、蛋白質和纖維質。這道菜也可以換成地瓜，維生素和礦物質更豐富。

6 人份

900 公克馬鈴薯（想要的話可去皮），切成 5 公分大小的塊狀

1 大匙鹽

10 瓣大蒜，去皮（如果是做給小孩吃，請依個人口味斟酌）

1/4 杯（60 毫升）頂級橄欖油

1 大匙黑胡椒

1. 馬鈴薯、鹽和大蒜放入大鍋，加水蓋過後大火煮滾。再煮 15 分鐘左右，直到馬鈴薯軟熟。
2. 撈出馬鈴薯和大蒜瀝乾，保留 1 杯（240 毫升）鍋裡的水。
3. 馬鈴薯和大蒜倒回鍋裡壓成泥，適量加入保留的水，調整成喜歡的稠度。
4. 慢慢加入油和胡椒並用力拌勻，趁熱食用。

酥烤蘑菇鑲菠菜

4 人份

8 大匙頂級橄欖油

1/2 杯（120 公克）原味麵包粉

2 根青蔥，切碎

12 顆大型白蘑菇，保留完整的蘑菇傘，
拔下蒂頭切碎

1 小匙鹽

1 小匙黑胡椒

4 杯（1 公斤）略微切碎的嫩菠菜

2 大匙磨碎的帕馬森起司

1. 預熱烤箱至攝氏 190 度。
2. 平底鍋開中火熱 2 大匙的橄欖油，加入麵包粉煎烤 2 分鐘，備用。
3. 另一鍋以中火加熱 2 大匙橄欖油炒青蔥。
4. 炒 2 分鐘後，加入切碎的蘑菇蒂、鹽、黑胡椒，再炒 2 分鐘。
5. 菠菜下鍋炒軟，約 1 至 2 分鐘。
6. 鍋子離火，加入起司拌勻。
7. 烤盤抹 1 大匙橄欖油，鋪好蘑菇傘，凹面朝上。均勻地淋上 1 大匙橄欖油。
8. 每顆蘑菇鑲入 1 小匙炒菠菜，再灑 1 小匙麵包粉。
9. 淋上剩下 2 大匙的橄欖油，烤 10 至 15 分鐘。

烹調及用餐時間的掌握

抓好烹調時間，才能在適當的溫度下享用菜餚，這非常重要。很多人不在意這個細節，白費了料理時所花費的心血。

法文有個料理名詞叫 mise en place，意思是「一切就緒」。也就是說在烹調前盡量地做好所有準備工作－食材量好、削皮切塊，烤盤抹好油，器具放在手邊等等，就像要展開一場料理秀。減少在廚房裡團團轉的時間，以免鍋裡的大蒜在跑去處理比目魚時燒焦了。以下的秘訣能讓烹調更輕鬆又有效率：

- 肉類、雞肉或魚在烹調前 30 分鐘，先從冰箱裡拿出來（計劃用餐時間時別忘記把這段時間加進去）。
- 預先準備好沙拉，放冰箱冷藏（食用前再製作醬汁）。
- 烹調主菜前先做蔬菜等配菜。
- 使用耐熱或可進烤箱的餐盤，盛裝配菜或蔬菜等先做好需要保溫的菜色。放在關火的爐台上，或攝氏 80 度至 95 度的烤箱裡（不會影響其他菜色）。做好的菜最多可保溫 1 小時。
- 做好的菜可用鋁箔紙包起來保溫、避免脫水，最多別超過 30 分鐘。有脆皮的菜或炸物不能蓋住，否則會變溼軟。
- 魚、義大利麵和雞肉在烹調好時立刻享用，味道和口感最棒。烤全雞和肉先靜置一下（15 分鐘和 6 分鐘）再分切，讓肉汁滲透回去。

酸豆炒甜椒

任何菜色都可以加一把切細絲的羅勒，增添綠意和清新的風味。切法很簡單，只有疊、捲、切三步驟：切掉羅勒梗，葉子疊起來，緊緊地捲得像雪茄一樣，再斜切成細絲。基本上，因為羅勒很容易爛掉，應該要使用前再切，快煮完時再下鍋。

這道菜可以當作前菜或配菜。我太太和我常搭配麵包片、起司和葡萄酒當宵夜吃。我喜歡多鋪上幾片鯷魚，超好吃的。

2 至 4 人份

5 大匙頂級橄欖油

2 顆黃甜椒，直切成 1 到 2 公分寬的條狀

2 顆紅甜椒，直切成 1 到 2 公分寬的條狀

1/2 小匙鹽

1/2 小匙黑胡椒

2 大匙巴薩米可醋或巴薩米可濃醋（請見 77 頁）

10 片新鮮羅勒葉，切成細絲（視個人口味斟酌）

6 片鯷魚，各切成 3 段

2 大匙酸豆

2 瓣切片的大蒜

1. 大鍋加入 3 大匙橄欖油，中大火加熱，加入甜椒和鹽。蓋上鍋蓋悶 3 分鐘，再打開來拌炒。炒 3 至 5 分鐘，直到叉子可穿透甜椒但還有一點脆度。
2. 加入黑胡椒、巴薩米可醋、羅勒、鯷魚和酸豆炒 30 秒。鯷魚會開始融進食材裡，但不會完全消失。灑上生蒜片，並淋上剩下 2 大匙橄欖油。

新鮮香草與乾燥香草

新鮮香草比較香，味道也比較好，運用在料理中超棒。但在多數情況下，乾燥香草其實也不差。新鮮香草味道沒那麼濃烈，所以必須多加一點（新鮮香草的用量大約是乾燥香草的 3 倍）。

以下這些香草我喜歡新鮮的：薄荷、羅勒、鼠尾草、迷迭香、百里香、巴西利葉（我都用平葉的，捲葉味道不夠）、芫荽和蒔蘿。我也試圖尋找新鮮奧勒岡、但很難找到我滿意的香氣。基本上，奧勒岡或月桂葉等木質莖香草，使用乾燥的沒問題；但是蝦夷蔥和巴西利葉等細軟的香草，最好用新鮮的。

乾燥香草在料理時早一點下鍋，才有足夠的時間入味，效果比較好；太晚下鍋吃起來會很澀。新鮮香草最後再加入菜色才不會喪失風味。在淋醬或沾醬等冷菜加入香料和香草時，享用前先冷藏一下可以使味道融合。

鍋煎球芽甘藍

6 人份

900公克球芽甘藍，切成兩半（請見附註）

8 大匙頂級橄欖油

1 小匙鹽

1 大匙第戎芥末醬或芥末籽醬

1 大匙切碎的新鮮百里香

1/4 杯（60 毫升）雪利酒醋

1. 預熱烤箱至攝氏 200 度。
2. 球芽甘藍平鋪在烤盤上，加入 2 大匙橄欖油和 1/2 小匙鹽拌勻，切面朝下。烤盤內加 2 大匙水，蓋上鋁箔紙。
3. 烤 10 分鐘。用刮刀攪拌球芽甘藍，撕掉鋁箔紙再烤 5 至 7 分鐘。
4. 烘烤的同時，在碗中加入芥末醬、剩下的 1/2 小匙鹽、百里香和醋攪拌均勻。慢慢地倒入剩下的 6 大匙橄欖油，攪拌至完全混合。
5. 趁熱把球芽甘藍倒進大碗，加入油醋醬拌勻。

附註：嫩球芽甘藍請整顆使用。

水煮朝鮮薊

朝鮮薊是一種原產於地中海沿岸的多年生菊科植物，我們所吃的「菜」其實是它的花蕾。請挑選深綠色、苞片排列緊實的新鮮朝鮮薊。看似不大但拿起來很扎實，按壓葉片會發出吱吱聲。別買看起來乾巴巴或苞片散開的。

有趣地是，這道菜是我記憶中義大利的家常點心。試試在晚餐後，搭配一杯葡萄酒享用。

4 人份

4 顆完整的朝鮮薊，剝掉硬殼後切除莖和尖頭

1 小匙鹽

1/2 顆檸檬擠出的汁

2 瓣大蒜，壓碎

2 大匙頂級橄欖油

1. 朝鮮薊放入鍋中，加足量的水蓋住，加入鹽、檸檬汁和大蒜。
2. 大火煮滾後蓋上鍋蓋，煮 30 至 40 分鐘直到軟熟。測試熟度可以撈出一顆朝鮮薊，小心地剝開外層苞片，很容易掉下來就好了。
3. 瀝乾水份，食用前淋上橄欖油。

薄荷豌豆

Ⓚ 兒童

想讓豌豆更有味道，試試這個我媽的獨門秘技：加一小撮糖。

4 至 6 人份

1/4 杯（60 毫升）頂級橄欖油
1 顆中型洋蔥，切碎
450 公克解凍好的冷凍豌豆（2 至 3 杯）
1 小匙鹽
1 小匙糖
8 至 10 片新鮮薄荷葉，切碎

1. 中小火熱油，加入洋蔥炒 5 分鐘，直到軟熟。
2. 加入豌豆和 1/4 杯（60 毫升）溫水拌炒。加入鹽、糖和薄荷，再炒 3 至 5 分鐘。

番茄櫛瓜燴茄子

Ⓢ 銀髮族

4 人份

1 根中型茄子，切成 2 公分大小的塊狀

4 大匙頂級橄欖油

1 小匙鹽

1 小匙黑胡椒

2 根中型櫛瓜，切成 2 公分大小的塊狀

1 顆中型洋蔥，切絲

3/4 杯（180 公克）罐裝或新鮮小番茄（如果使用新鮮的請切半）

1/4 杯（60 毫升）白葡萄酒

3 大匙略微切碎的新鮮羅勒

1. 預熱烤箱至攝氏 220 度。
2. 茄子平鋪在烤盤，淋一半的橄欖油，並灑上鹽和黑胡椒各 1/2 小匙，混合均勻。
3. 在大鍋內中大火加熱剩下 2 大匙橄欖油，加入櫛瓜、洋蔥及剩下的鹽和黑胡椒各 1/2 小匙，炒 3 至 4 分鐘。
4. 加入番茄、白葡萄酒、烤茄子，再炒 4 分鐘直到櫛瓜熟透。
5. 拌入羅勒趁熱食用。

糖醋洋蔥

Agro dolce 意指「酸甜」，也就是義大利的糖醋料理。這道食譜把洋蔥炒到焦糖化，過程中糖的氧化讓食材上色，產生香甜的味道。這道菜可當作配菜或調味料，搭配各種肉類料理都非常適合。

4 人份

450 公克洋蔥

3 大匙頂級橄欖油

4 片新鮮月桂葉（請見附註）

1 大匙黑糖

1 又 1/2 大匙蜂蜜

1 顆檸檬削下的皮屑

6 大匙紅酒醋

1. 煮滾一鍋水，加入洋蔥燙 1 分鐘後瀝乾。冷卻去皮剖半。
2. 大火熱橄欖油，加入月桂葉和洋蔥，炒 5 分鐘讓洋蔥略微上色。
3. 轉成中火，加入糖、蜂蜜和檸檬皮屑，炒 3 分鐘直到洋蔥焦糖化。
4. 加入醋拌勻，再炒 4 至 5 分鐘。丟掉月桂葉，趁熱食用洋蔥。

附註：找新鮮月桂葉雖然要花費一番心思，但很值得；也可以用乾月桂葉代替。

清炒球花甘藍

Ⓢ 銀髮族

球花甘藍就是義大利的綠花椰菜，又叫 rapini。它屬於十字花科的一種，細長多葉的莖配上小朵嫩花，不像整顆的花椰菜。球花甘藍的花很細小，葉子帶有微苦的味道。跟其他十字花科親戚一樣，球花甘藍是全世界營養最豐富的食物之一。富含鉀、鐵、鈣、葉酸、維生素 A、維生素 C、維生素 K 還有纖維質。

我超愛這種菜，常常煮來吃。烹調時只用軟嫩的部份，摘掉大片葉子，切掉葉梗，只留下 5 公分左右的長度（可以拿來做球花甘藍青醬）。切好的甘藍放進 1 公升煮滾的鹽水，燙 1 至 2 分鐘。瀝乾後拌入 1 大匙橄欖油，喜歡的話灑一點鹽調味。我下面提供的清炒方式要花比較久時間，但味道會完全不同，保留清脆的口感。

我的小孩 9 到 10 個月大時，我開始把煮熟的嫩花壓碎給他們吃，讓他們熟悉這種味道。現在，亞莉珊卓看到我做球花甘藍料理時，還會跟我說：「爸爸，我要吃花花。」小孩長大後味覺改變，也會漸漸喜歡比較苦的葉子。

2 人份

3 大匙頂級橄欖油

4 顆大蒜，壓碎

1 把球花甘藍，洗淨切成小段，留下 7~8 公分長的嫩花（請見附註）

一小撮鹽

1. 中火熱 2 大匙橄欖油，加入大蒜，炒 1 至 2 分鐘直到略微上色。
2. 切好的球花甘藍下鍋，太乾的話，可加 3 大匙左右的水。
3. 轉成中小火，不加蓋，慢慢翻炒球花甘藍 3 至 5 分鐘。
4. 鍋子離火，灑鹽並淋上剩下 1 大匙的橄欖油。趁熱食用。

附註：洗好球花甘藍後不必擦乾，烹調時需要水份。

菜色變化小技巧：可以照這種方法用橄欖油炒任何蔬菜，再灑上鹽和黑胡椒。多加點大蒜或辣椒片爆香更有味道。

烤茄子薄片

這道菜可當作開胃菜，或搭配魚、肉等主餐食用。燒烤前請記得在烤爐上抹油，不然太薄的茄子片會黏住。

4 人份

2 根嫩茄子，削皮切成薄片（請見附註）

4 大匙頂級橄欖油

1/2 小匙鹽

1/2 小匙黑胡椒

2 大匙切碎的新鮮薄荷葉

1/2 顆檸檬擠出的汁

1 小瓣大蒜，切碎

1. 烤爐預熱或用中火熱一個燒烤鍋，用 2 大匙橄欖油塗滿茄子片，灑上鹽和黑胡椒。
2. 茄子片兩面各烤 1 分鐘，起鍋後靜置 5 分鐘。
3. 在小碗中混勻剩下 2 大匙的橄欖油、薄荷、檸檬汁和大蒜。
4. 茄子片平鋪在各個餐盤上，食用前淋上剩下的沾醬。

附註：最好用蔬果切片器切。

烤白花椰菜

Ⓚ 兒童　Ⓢ 銀髮族

6 人份

1 顆白花椰菜，剝成小朵狀（約 4 杯）

1/4 杯（60 毫升）頂級橄欖油

1 小匙鹽

1 小匙黑胡椒

1/2 杯（120 公克）磨碎的梵提娜起司

1. 預熱烤箱至攝氏 200 度。
2. 白花椰菜放入大碗，加油、鹽和黑胡椒拌勻，平舖在烤盤上。
3. 烤花椰菜 20 分鐘。
4. 表面灑上起司，再烤 5 分鐘後食用。

西西里綜合拌蔬菜

Caponata 是拌在一起的各種蔬菜，通常會加入茄子。這道菜的口味酸甜，做完後最好在室溫靜置 2 至 3 小時再食用。如果第二天才吃，請冷藏保存，擺越久越好吃。

6 至 8 人份

4 根茄子，間隔削掉外皮（請見附註），切成約 2.5 公分大小的塊狀

5 顆橢圓番茄，切成 4 塊

1/2 杯（120 毫升）頂級橄欖油

1/2 大匙鹽

1 顆洋蔥，切大塊

2 瓣大蒜，切碎

1/2 杯（120 公克）卡拉馬塔橄欖，去籽切半

1/4 杯（60 公克）酸豆，瀝乾

2 大匙糖

1/4 杯（60 毫升）白酒醋

2 大匙略微切碎的新鮮羅勒

1. 預熱烤箱上火。
2. 番茄和茄子平鋪在烤盤上，淋 1/4 杯（60 毫升）橄欖油，灑鹽。
3. 上火烤 5 至 7 分鐘上色，不時翻攪一下。
4. 中火在鍋裡熱 3 大匙橄欖油，加入洋蔥炒 3 至 4 分鐘直到軟熟透明。（小心別炒焦，特別是靠鍋邊的部份。不停攪拌，需要的話可加點水。）最後一兩分鐘時加入大蒜炒香。
5. 加入橄欖油、酸豆、糖和醋，中火再炒 3 分鐘。
6. 加入烤好的番茄和茄子，還有剩下的 1 大匙橄欖油，炒 2 分鐘。
7. 食用前灑上羅勒。

附註：茄子從頭到尾、每隔約 2.5 公分左右的間隔，削下長條狀的皮。因為如果把皮完全削掉會太軟爛，但沒削皮會硬到難以下嚥。

兩種普切塔

經典普切塔

用這個繽紛的番茄普切塔搭配酥脆麵包，或當作各種菜色的點綴。特別適合我的烤雞柳條（259 頁）和簡單烤雞排（260 頁）。

4 人份

1/4 杯（60 毫升）頂級橄欖油，並視口味斟酌

6 顆橢圓番茄，去籽切丁

3 大匙切碎的新鮮羅勒

1/2 小匙鹽

1/2 小匙黑胡椒

1/2 顆中型紫洋蔥，切碎

1/2 瓣大蒜，切碎

義大利麵包

1. 預熱烤箱至攝氏 230 度。
2. 橄欖油、番茄、羅勒、鹽、黑胡椒、洋蔥和大蒜放入碗中拌勻，室溫靜置 30 分鐘讓味道融合。
3. 義大利麵包切薄片，兩面抹上橄欖油，平鋪在烤盤上，烘烤到兩面金黃酥脆，約 4 至 5 分鐘。
4. 在麵包片上放一匙番茄料，再淋橄欖油享用。

鯷魚瑞可達普切塔

這是我最喜歡的普切塔食譜，趁熱食用味道最棒。

4 至 6 人份

義大利麵包

5 大匙頂級橄欖油，並多準備一點搭配食用

230 公克瑞可達起司

9 片鯷魚，切碎

1 小匙現磨黑胡椒

1 小匙切碎的百里香或迷迭香

1. 預熱烤箱至攝氏 230 度。
2. 義大利麵包切薄片，刷 1 大匙橄欖油，平鋪在烤盤上，烘烤到兩面金黃酥脆，約 4 至 5 分鐘。
3. 烘烤麵包時，把剩下的食材和 4 大匙橄欖油，放入碗中混合均勻。
4. 烤好的麵包抹上瑞可達起司，淋橄欖油食用。

橄欖抹醬

搭配烤酥的麵包片享用。

4 人份

1/4 杯（60 毫升）頂級橄欖油

6 片鯷魚，切碎

1 顆檸檬擠出的汁與削下的皮屑

2 杯（480 公克）去籽卡拉馬塔橄欖

1/2 瓣大蒜，切碎

把所有食材放進食物調理機或果汁機打碎，室溫食用。最多可冷藏保存 2 天。

豆類

Ⓑ 嬰兒
Ⓚ 兒童
Ⓢ 銀髮族

烤玉米鷹嘴豆羅勒黑豆沙拉

Ⓚ 兒童　Ⓢ 銀髮族

這道菜用新鮮的烤玉米超美味，但趕時間的話，也可以用冷凍或罐頭玉米粒。「脆」玉米粒罐頭不錯，保留了新鮮玉米的清脆（請記得沖洗乾淨罐頭玉米以去除多餘的鹽）。這道菜適合室溫食用。

4 至 6 人份

1/4 杯（60 公克）切碎的新鮮羅勒

3 大匙巴薩米可醋

1 小匙孜然粉

3 顆萊姆擠出的汁與削下的皮屑

1 小匙鹽

1 小匙黑胡椒

1/3 杯（80 毫升）頂級橄欖油

1 罐（每罐 14 盎司，約 400 公克）黑豆，洗淨瀝乾

1 罐（每罐 14 盎司，約 400 公克）鷹嘴豆，洗淨瀝乾

3 根烤玉米剝下的玉米粒

3 顆橢圓番茄，去籽切丁

1. 羅勒、醋、孜然粉、萊姆汁與皮屑、鹽和黑胡椒放入碗中混合，慢慢加入橄欖油攪拌均勻。
2. 黑豆、鷹嘴豆、玉米粒、番茄放入大碗中，淋上醬汁拌勻。

扁豆沙拉

Ⓢ 銀髮族

很多紐約的餐廳做這道菜時，都用義大利培根取代杏仁。在西西里島，我媽用的是杏仁，因為培根不好買。我比較喜歡加了杏仁的，既能夠完美地襯托其他食材，又可以增加沙拉的酥脆口感，對身體也比較好。

6 人份

450 公克乾綠扁豆或棕扁豆（煮熟後約 3 至 3 又 1/2 杯）

1 杯（240 公克）切碎的芹菜

1 杯（240 公克）切碎的洋蔥

1 杯（240 公克）切碎的胡蘿蔔

2 片月桂葉

1/4 杯（60 毫升）紅酒或白酒醋

1/4 杯（60 毫升）白葡萄酒

1/4 杯（60 公克）切碎的新鮮百里香葉

1 大匙鹽

1 大匙黑胡椒

1/2 杯（120 毫升）頂級橄欖油

1/2 杯（120 公克）杏仁條

1. 扁豆、芹菜、洋蔥、胡蘿蔔和月桂葉放進大湯鍋，加入蓋過蔬菜 4 指寬的水量。
2. 煮滾後轉成中火，煮 20 至 30 分鐘直到扁豆軟熟。
3. 同時，在小碗中混合醋、葡萄酒、巴西利葉、鹽和黑胡椒，慢慢地倒入油攪拌均勻，調好的醬汁備用。
4. 中火熱鍋，烘烤杏仁片 1 至 2 分鐘，小心別燒焦。
5. 瀝乾扁豆的水，丟掉月桂葉，再把扁豆倒回鍋中。拌入醬汁，中火煮 1 至 2 分鐘。
6. 煮好的扁豆倒進大碗，加入杏仁條（攪拌在沙拉裡或灑在表面），趁熱或室溫食用。

白腰豆沾醬

Ⓚ 兒童　Ⓢ 銀髮族

這是義大利版的中東鷹嘴豆泥。一般豆泥都是常溫食用，不過我這道是熱的，很多人可能不太習慣，但我保證既香濃又美味。這道豆泥最適合抹在烤酥的義大利麵或豆袋餅上，再淋上橄欖油。一次吃不完的可以放進冰箱保存，之後可拿來沾嫩蘿蔔或蔬菜條當點心。

4 人份

5 大匙頂級橄欖油

2 瓣大蒜，切碎

2 杯（480 公克）乾白腰豆，浸泡隔夜後煮軟（請見 153 頁）；或 3 罐（每罐 14 盎司，約 400 公克）白腰豆，洗淨瀝乾

1 大匙切碎的新鮮百里香

1/2 杯（120 毫升）蔬菜高湯或水，並視情況斟酌

1 大匙鹽

1. 用大湯鍋中大火熱 2 大匙橄欖油，加入大蒜炒到略微上色。
2. 加入白腰豆、百里香、蔬菜高湯和鹽，煮 3 分鐘左右。
3. 鍋裡的食材倒進果汁機打勻，太稠的話，可以多加一點蔬菜高湯或水調整。
4. 豆泥挖到碗裡，淋上剩下的 3 大匙橄欖油。

超簡單綜合豆沙拉

Ⓢ 銀髮族

4 人份

1 罐（每罐 14 盎司，約 400 公克）鷹嘴豆，洗淨瀝乾

1 罐（每罐 14 盎司，約 400 公克）白腰豆，洗淨瀝乾

1 大匙切碎的新鮮羅勒

1 小匙切碎的新鮮百里香

1/2 小匙鹽

1/2 小匙黑胡椒

1/2 顆中型洋蔥，切碎

3 大匙頂級橄欖油

2 根芹菜，切碎

4 顆櫻桃蘿蔔，切片

1/2 顆檸檬擠出的汁

1 大匙紅酒醋

做法再簡單不過了：把所有食材倒進大碗裡拌勻即可。

亞莉珊卓的牛皮菜炒白腰豆

Ⓚ 兒童　Ⓢ 銀髮族

這道美味佳餚是我女兒亞莉珊卓的點子，因此我決定以她的名字來命名。原本，我們在做一道類似的義大利麵，還沒煮好時她試吃了一下，然後說：「爸爸，我覺得不加義大利麵比較好！」於是，奧古斯塔家就多了一道獨創的新地中海蔬菜料理了。

4 至 6 人份

2 把牛皮菜

1 小匙鹽

7 大匙頂級橄欖油

4 瓣大蒜，切片

3 罐（每 14 盎司，約 400 公克）白腰豆，瀝乾洗淨（4 至 5 杯）

黑胡椒，可省略

1. 煮滾一大鍋水。
2. 同時處理牛皮菜：剝下葉子，切成 5 到 8 公分的大小，菜梗切成 2.5 公分長、0.5 公分寬的條狀。
3. 鹽和牛皮菜梗加入滾水裡，煮 5 分鐘。
4. 加入牛皮菜葉再煮 2 分鐘。保留 1/2 杯（120 毫升）煮菜水，徹底瀝乾牛皮菜。
5. 平底鍋熱 3 大匙橄欖油，加入大蒜。
6. 大蒜變金黃時，加入牛皮菜，大火炒 1 分鐘後，再加入白腰豆攪拌均勻，翻炒 1 至 2 分鐘。加一點保留的煮菜水增加菜汁。
7. 依個人口味加入胡椒。
8. 淋上剩下的 4 大匙橄欖油後食用。

球花甘藍炒蠶豆

Ⓢ 銀髮族

4 人份

800 公克冷凍蠶豆

7 瓣大蒜：4 壓碎，3 瓣切片

1 又 1/2 小匙鹽

1/4 杯（60 毫升）頂級橄欖油

2 把羽花甘藍，洗淨切段，只保留頂部 5 到 8 公分的花和梗

1/2 小匙辣椒片

1. 冷凍蠶豆用冷水沖 1 分鐘。
2. 蠶豆放進鍋裡，注入冷水蓋過（用熱水的話皮煮不軟）。
3. 加入壓碎的大蒜，大火煮滾後轉小火，蓋鍋蓋燉煮 15 至 20 分鐘。
4. 最後 1 至 2 分鐘加入 1 小匙鹽。
5. 同時，用平底鍋中大火熱 2 大匙橄欖油，炒蒜片 1 分鐘，直到變成金黃色。
6. 加入羽花甘藍、剩下的 1/2 小匙鹽、辣椒片和 2 大匙水，轉成中火慢慢翻炒 2 至 4 分鐘，鍋裡太乾的話可加一點水。
7. 瀝乾蠶豆，加入羽衣甘藍鍋拌勻，再炒 30 秒。
8. 炒好的蔬菜倒入大盤，淋上剩下 2 大匙橄欖油。

義大利麵及其他穀類

Ⓑ 嬰兒
Ⓚ 兒童
Ⓢ 銀髮族

羅馬花椰菜小貝殼麵

羅馬花椰菜（又叫寶塔菜）尖尖的圓錐狀花球外型很奇特，螺旋狀的小花不像一般的花椰菜，堆疊而成天然的幾何排列。有白色、紫色和綠色等品種，味道比一般花椰菜強烈。可惜地是，這種菜非常不好買，通常只能在義大利食材專賣店買到。找不到羅馬花椰菜的話，可以用一般白花椰菜代替，剝成小朵依同樣的方式料理。

6 人份

2 大匙鹽

1 顆中型花椰菜，切成約 2.5 公分大小的小花

6 大匙頂級橄欖油，多準備些搭配食用

3 顆火蔥，切碎

1 小匙辣椒片

3 片鯷魚切碎

450 公克小貝殼麵

1/4 杯（60 公克）磨碎的佩科里諾起司，多準備些搭配食用

1. 花椰菜和 1/2 大匙鹽加進一大鍋水裡，大火煮滾。
2. 煮 3 分鐘後撈出花椰菜，保留煮菜水。
3. 把一半的花椰菜丟進果汁機，加 1 杯（240 毫升）煮菜水和 2 大匙油打成泥，這就是麵的醬汁。可以多加點煮菜水，調成喜歡的質地（跟番茄糊差不多）。
4. 剩下 4 大匙的油倒入平底鍋中火加熱，加入火蔥、辣椒片和鯷魚炒 1 分鐘。
5. 轉成大火，加入剩下的花椰菜翻炒 2 分鐘。
6. 花椰菜泥加入鍋裡，翻炒 30 至 40 秒。
7. 保留煮菜水的湯鍋中，加入 1 又 1/2 大匙鹽，再次大火煮滾後倒入小貝殼麵，照包裝指示煮到彈牙口感，約 5 至 8 分鐘。

8. 保留 1/2 杯（120 毫升）煮麵水，貝殼麵瀝乾，加入醬汁鍋拌勻，再煮 30 秒。可依個人喜好加一點煮麵水調整稠度。
9. 鍋子離火拌入起司。
10. 分盤後淋上橄欖油，並灑上碎佩克里諾起司搭配食用。

烤茄子旗魚薄荷水管麵

我在義大利普利亞的某家餐廳點了這道菜，我吃的時候，孩子們都超喜歡，也吵著要點一份，上菜後再平分給他們三個人吃。主廚很慷慨地給了我食譜，建議搭配磨碎的帕馬森起司或佩科里諾起司食用。

6 至 8 人份

1 顆大型茄子，間隔削掉約 2.5 公分寬的皮，切成約 2.5 公分大小的塊狀

9 大匙頂級橄欖油

1 大匙加 1 又 1/2 小匙鹽

1 顆大型洋蔥，切碎

3 片油漬鯷魚，切碎

450 公克旗魚，切成約 1 公分大小的塊狀

少許白葡萄酒

450 公克水管麵

1/4 杯（60 公克）切碎的新鮮薄荷

1. 預熱烤箱上火。茄子 2 大匙橄欖油和 1/2 小匙鹽放入盆中拌勻，平鋪在烤盤上。
2. 用上火烤茄子直到上色。不時翻攪以免燒焦，約 5 分鐘。
3. 用大平底深鍋中火熱 2 大匙橄欖油，加入洋蔥、鯷魚和辣椒片炒 5 分鐘左右，直到洋蔥軟熟。
4. 轉成大火，再加 2 大匙橄欖油、旗魚和 1 小匙鹽，翻炒 30 秒，灑入白葡萄酒。
5. 1 分鐘後加入茄子炒 30 秒，鍋子離火。
6. 大火煮滾一大鍋水，剩下 1 大匙鹽和水管麵下鍋。照包裝指示煮到彈牙口感，撈起來瀝乾水份。
7. 水管麵倒入茄子和旗魚鍋裡，加入薄荷和剩下 3 大匙橄欖油拌勻後食用。

佩科里諾起司日曬番茄蝴蝶麵

日曬番茄乾和佩科里諾起司，都是西西里島常見的食材。強烈的陽光下製作日曬番茄很容易，只要曬 2 至 3 天讓番茄脫水就可以了。曬乾後放入塑膠袋，可保存 1 至 2 年，我媽都這麼做。要吃的時候，先浸在油裡一兩天軟化，可加入鹽、奧勒岡和大蒜當作調味醃料。曬乾後直接油封也是另一個保存方法。

6 人份

4 大匙頂級橄欖油

1/2 小匙辣椒片

5 瓣大蒜，切片

5 片鯷魚，切片

1/4 杯（60 毫升）白葡萄酒

2/3 杯（80 公克）橄欖油漬日曬番茄乾，切片

1 大匙鹽

450 公克蝴蝶麵

1 小匙黑胡椒

1/4 杯（60 公克）磨碎的佩科里諾起司

2 大匙切碎的新鮮巴西利葉

1. 鍋裡熱 2 大匙油，加入辣椒片、大蒜和鯷魚爆香，用木匙背面把鯷魚壓進油裡融化。加入葡萄酒煮 30 秒。加入日曬番茄乾再煮 30 秒。
2. 大火煮滾一大鍋水，鹽和蝴蝶麵下鍋，照包裝指示煮到彈牙口感。煮好後保留 1/2 杯（120 毫升）煮麵水再瀝乾，麵拌入鯷魚醬汁鍋，加入剩下的煮麵水。
3. 鍋子離火，拌入黑胡椒、佩科里諾起司和巴西利葉。
4. 淋上剩下的 2 大匙橄欖油。

球花甘藍菊苣螺旋麵

Ⓢ 銀髮族

6 人份

2 把球花甘藍

8 大匙頂級橄欖油

12 瓣大蒜（越多越好），切片

1/2 小匙辣椒片

4 條鯷魚，切碎，可省略

2 顆中型菊苣，切成 5 公分大小的塊狀

1 又 1/2 大匙鹽

450 公克螺旋麵或其他短麵

1/2 杯（120 公克）磨碎的佩科里諾或帕馬森起司

1. 羽花甘藍洗淨切段，只留下 5 到 8 公分的花；剩下的葉梗切成 0.5 公分大小的塊狀備用。
2. 中火熱 2 大匙橄欖油，加入大蒜、辣椒片和鯷魚（可省略）。炒到大蒜變金黃，鯷魚融進油裡。
3. 轉成中大火，加入菊苣炒 1 至 2 分鐘，再加入羽花甘藍和 1/2 大匙鹽。
4. 轉成中火炒 3 分鐘，不時攪拌，保留一點羽花甘藍的脆度。
5. 大火煮滾一大鍋水，加入剩下 1 大匙鹽和螺旋麵，照包裝指示煮到彈牙口感。煮好後保留 1/4 杯（60 毫升）煮麵水再瀝乾。
6. 麵和煮麵水倒入羽花甘藍鍋炒 30 秒至 1 分鐘。
7. 關火加入剩下 6 匙橄欖油，拌入大量起司屑。分盤後再灑剩下的起司屑食用。

菜色變化小技巧：我們可以在任何一種粗粒小麥粉義大利麵裡，加入綜合蔬菜、橄欖油、一點帕馬森起司、鹽和黑胡椒。複合碳水化合物和蔬菜的纖維質可以減緩消化，還能降低血糖。

烤南瓜筆尖麵

Ⓑ 嬰兒　Ⓚ 兒童　Ⓢ 銀髮族

6 人份

450 公克南瓜，去皮切成 0.5 公分大小的塊狀

6 大匙頂級橄欖油

1 大匙又 1 小匙鹽，可省略

450 公克筆尖麵

1 顆大型洋蔥，切碎

4 大匙切碎的帕馬森起司

2 大匙切碎的新鮮巴西利葉

1 小匙黑胡椒

1. 預熱烤箱至攝氏 220 度。
2. 南瓜塊、1 大匙油和 1/2 小匙鹽（可省略）放入大碗中拌勻。平鋪在烤盤上烤 20 至 30 分鐘直到軟熟，轉成上火烘烤 2 分鐘。
3. 南瓜快烤熟時，大火煮滾一大鍋水，加入 1 大匙鹽和筆尖麵，照包裝指示煮到彈牙口感。煮好後保留 1/3 杯（80 毫升）煮麵水再瀝乾。
4. 一半的烤南瓜倒進果汁機，加保留的煮麵水打成滑順的泥狀，稠度和番茄醬差不多。
5. 小火熱 2 大匙油，加入洋蔥和剩下 1/2 小匙鹽（可省略）炒軟。
6. 南瓜泥和烤南瓜塊下鍋，炒 1 分鐘。
7. 拌入瀝乾的麵後離火。
8. 拌入帕馬森起司、巴西利葉和黑胡椒，淋上剩下 3 大匙橄欖油。

乾瑞可達起司櫛瓜貓耳朵麵

Ⓚ 兒童

乾瑞可達起司（Ricotta salata）是一般瑞可達起司經擠壓乾燥陳年而製成，如果找不到乾瑞可達起司，也可改用佩科里諾起司或其他起司粉。

6 人份

1/2 杯（120 毫升）頂級橄欖油

3 根中型櫛瓜，切成約 1 公分大小的塊狀

1 大匙又 1 小匙鹽

6 大匙切碎的新鮮薄荷

1 杯（240 公克）磨碎的乾瑞可達起司或佩科里諾起司

450 公克貓耳朵麵

1/2 小匙黑胡椒

1. 中大火熱 1/4 杯（60 毫升）橄欖油，加入櫛瓜 1/2 小匙鹽和 1 大匙薄荷。翻炒到櫛瓜塊變金黃，加 1/2 小匙鹽。
2. 乾瑞可達起司或佩科里諾起司、4 大匙薄荷和剩下 1/4 杯（60 毫升）橄欖油，放入大餐盤裡混合均勻。
3. 大火煮滾一大鍋水，加入剩下 1 大匙鹽和貓耳朵麵，照包裝指示煮到彈牙口感。煮好後保留 1/4 杯（60 毫升）煮麵水再瀝乾。保留的煮麵水和起司拌勻。
4. 煮好的義大利麵和起司拌勻。
5. 拌入櫛瓜和黑胡椒，灑上剩下 1 大匙薄荷。

小技巧：可以把部份的櫛瓜換成黃櫛瓜，擺盤更繽紛。

鮪魚小番茄鮮蝦短麵

可以把新鮮小番茄換成 1/4 杯（60 公克）日曬番茄乾，變換不同的風味。

6 人份

6 大匙頂級橄欖油

1 小匙辣椒片

1 顆中型洋蔥，切碎

1 罐（每罐 6 盎司，約 170 公克）油漬鮪魚，瀝乾

225~230 公克嫩蝦或岩蝦

1 大匙又 1 小匙鹽

1/4 杯（60 毫升）白葡萄酒

1 大匙茴香籽

3/4 杯（180 公克）小番茄，切半

450 公克短麵，例如筆尖麵小管麵或螺旋麵

1. 小火熱 3 大匙橄欖油，加入辣椒片和洋蔥，炒到洋蔥軟熟。
2. 轉成大火，加入鮪魚、蝦和 1 小匙鹽，翻炒 1 分鐘。
3. 加入白葡萄酒，煮滾後再煮 1 分鐘。
4. 加入茴香籽和番茄，炒 1 分鐘。
5. 大火煮滾一大鍋水，加入剩下 1 大匙鹽和短麵，照包裝指示煮到彈牙口感。煮好後保留 1/2 杯（120 毫升）煮麵水再瀝乾。
6. 瀝乾的麵和煮麵水倒入炒料鍋拌勻。炒 30 秒，淋上剩下 3 大匙的橄欖油。

蠶豆菊苣義大利麵

Ⓢ 銀髮族

我手邊隨時都有準備著冷凍蠶豆，以便快速地做出豆類營養滿點的義大利麵。如果找不到冷凍蠶豆，可以用罐裝豆代替，新鮮蠶豆也不錯，但比較費工。

6 人份

450 公克蠶豆（解凍、罐裝豆或新鮮的）

1 大匙又 1/2 小匙鹽

6 大匙頂級橄欖油

1 顆中型洋蔥，切碎

3 瓣大蒜，壓碎

1 小匙辣椒片

6 條油漬鯷魚，切碎

2 顆中型菊苣，切大塊

450 公克短麵，例如筆尖麵、小管麵、吸管麵或螺旋麵

1/2 杯（120 公克）磨碎的佩科里諾起司

1. 若用解凍或新鮮蠶豆，放進鍋中加冷水蓋過，煮滾後再煮 15 至 20 分鐘直到軟熟。瀝乾水份前 1 分鐘，加入 1/2 小匙鹽，最後撈出蠶豆。
2. 小火熱 2 大匙橄欖油，加入洋蔥、大蒜、辣椒片和鯷魚，炒 5 分鐘左右直到洋蔥軟熟。
3. 轉成大火，加入菊苣翻炒 1 至 2 分鐘。加入蠶豆（無論解凍、罐裝豆或新鮮的），再炒 2 分鐘。
4. 大火煮滾一大鍋水，加入剩下 1 大匙鹽和短麵，照包裝指示煮到彈牙口感。煮好後保留 1/2 杯（120 毫升）煮麵水再瀝乾。
5. 保留的煮麵水倒進鍋中，再拌入瀝乾的義大利麵炒 30 秒。
6. 鍋子離火拌入起司，淋上剩下 4 大匙橄欖油。

埃奧利風鳥巢麵

這道料理源自西西里北方、由 7 個小島組成的埃奧利群島（Aeolian Islands）。藍綠色的海水圍繞著火山島（其中兩個還是活火山），風景優美壯觀。當地盛產酸豆，有野生也有種植的，地方菜色少不了海鮮與酸豆。

4 人份

2 顆熟透的大牛番茄或顆橢圓番茄

1 根茄子，間隔削去外皮後，切成 2 公分大小的塊狀

1/3 杯（80 毫升）頂級橄欖油

1 大匙又 3/4 小匙鹽

2 瓣大蒜，壓碎

2 大匙酸豆，瀝乾

1 小匙乾燥奧勒岡

1/2 杯（120 毫升）白葡萄酒

1 把松子

1/2 小匙辣椒片

230 公克新鮮鳥巢麵，或 3/4 磅圓直麵

340 公克新鮮鮪魚，切成約 1 公分大小的塊狀

1. 預熱烤箱上火。
2. 大火煮滾一大鍋水，番茄底部畫十字後下鍋，燙 1 分鐘撈出來。剝掉外皮，切成約 1 公分大小的塊狀，汁液也要保留。
3. 茄子舖在烤盤上，淋 3 大匙橄欖油和 1/4 小匙鹽，用上火烤 5 至 7 分鐘，不時攪拌一下。上色後從烤箱取出備用。
4. 中火熱鍋，加入剩下的油和大蒜炒到金黃色。
5. 加入番茄和汁液、酸豆、奧勒岡、葡萄酒、松子、辣椒片和 1/4 小匙鹽，中火炒 3 至 4 分鐘。

6. 同時在一大鍋水裡加 1 大匙鹽煮滾，加入義大利麵煮到彈牙口感，約 3 至 4 分鐘。如果使用乾圓直麵，煮 8 至 10 分鐘。保留 1/4 杯（60 毫升）煮麵水後瀝乾。
7. 番茄醬汁煮 3 分鐘左右後，鮪魚塊灑上剩下 1/4 小匙鹽，下鍋炒 1 分鐘。
8. 茄子塊（和橄欖油）加進醬汁鍋拌勻。
9. 立刻把瀝乾的義大利麵和煮麵水倒入醬汁，加熱 30 秒，鮪魚才不會過熟。趁熱食用。

大口吃義大利麵別害怕

1950 到 1960 年，在那個沒人買得起肉或動物性油脂的年代，富含纖維質又有飽足感的義大利麵，是西西里飲食重要的一部份。

當地人自己磨麵粉。把小麥拿到磨坊磨碎，拿回家做麵包或義大利麵。小麥沒有經過高度加工或精製，只是磨成粉而已，所以很健康。

我一天至少吃一次義大利麵，有時還吃兩次！別害怕碳水化合物。如果你在控制體重，請選擇未精製的粗粒杜蘭小麥或全麥義大利麵，而且別煮太軟，以保持低升糖指數。彈牙的未精製義大利麵，搭配茄汁醬、綜合蔬菜或海鮮，就完成了一道飽足又營養均衡的餐點，減肥者和一般人都能大口享用。

旗魚杏仁細扁麵

4 人份

1/3 杯（80 公克）生杏仁

6 大匙頂級橄欖油

1 瓣大蒜

10 顆小番茄，切成小塊

2 大匙番茄醬

2 大匙切碎的新鮮巴西利葉，多準備些裝飾用

1/4 杯（60 毫升）白葡萄酒

1/2 小匙辣椒片

300 公克旗魚，切成約 1 公分大小的塊狀

1 大匙鹽

340 公克細扁麵

1. 杏仁放進小鍋小火烤香，切碎後備用。
2. 小長柄湯鍋用中火熱 2 大匙橄欖油，加入大蒜炒到略微上色；再加入番茄、番茄醬、巴西利葉、白葡萄酒和辣椒片。
3. 醬汁煮 5 分鐘左右，魚塊下鍋再煮至分鐘。
4. 大火煮滾一大鍋水，加入鹽和細扁麵，照包裝指示煮到彈牙口感。煮好後保留 1/2 杯（120 毫升）煮麵水再瀝乾。
5. 瀝乾的細扁麵拌入醬汁鍋，中火炒 30 秒。如果太乾，可以加一點保留的煮麵水。
6. 炒好的麵倒到餐盤上，淋剩下 4 大匙橄欖油，再以杏仁碎和巴西利葉裝飾。

瑞可達起司小管麵

Ⓑ 嬰兒 Ⓚ 兒童

小孩超喜歡這道簡單的料理。可以換成任何一種短麵，我喜歡小管麵。注意瑞可達起司加熱會融化，所以下鍋前得先關火，但要趁義大利麵很熱時拌入食材。

3 個小孩的份量

1/2 大匙鹽，可省略

230 公克小管麵或任何短麵

230 公克瑞可達起司，最好是新鮮的

2 大匙頂級橄欖油

2 大匙磨碎的帕馬森起司

1. 大火煮一鍋水，加入鹽（可省略）和麵，煮 8 至 10 分鐘直到軟熟。保留 2 至 3 大匙煮麵水。
2. 麵瀝乾後倒回鍋中，趁熱拌入瑞可達起司、橄欖油和帕馬森起司攪勻。如果喜歡稀一點的質地，可適量加入保留的煮麵水調整稠度。

輕鬆做披薩

一起動手做披薩，是最能吸引小孩進廚房的方法。孩子喜歡揉麵團，也樂意幫忙，我家做披薩時，小孩都幫忙切食材。亞莉珊卓會把手放在我的手上，保護她避免被刀割傷，每次做披薩的時候，她都會吱吱喳喳地聊天。尼可拉斯和薩爾瓦多這兩個比較小的男孩，也能幫忙抹新鮮番茄醬，或灑上我已經磨好的起司屑。小孩都很喜歡吃披薩，邀請他們參與料理過程，可以啟發他們對同心協力完成餐點的興趣和味蕾，披薩並不難做，很簡單就可以很好吃，而且自己在家做披薩，肯定比市面上或餐廳的更健康。

我買現成的麵團，因為我不想浪費時間自己做。我在家附近的披薩店買，但超市也買得到。先放在室溫 30 分鐘後再使用。

小技巧：做披薩時分配小孩不同的任務。在我家一個負責抓一小撮鹽灑在披薩上，另一個負責負責灑胡椒；有人負責灑奧勒岡，從越高的地方灑下來分佈越平均，他們都玩得很開心。孩子喜歡有自己的任務，讓他們開心地踏進廚房。

4 人份

2 又 1/2 大匙頂級橄欖油

450 公克披薩麵團

1 罐（每罐 14 盎司，約 400 公克）碎番茄，或 1 又 1/2 杯捏碎的新鮮番茄

1 大匙切碎的新鮮羅勒

1/4 杯（60 公克）磨碎的帕馬森起司或佩科里諾起司

170 公克新鮮馬札瑞拉起司，切成約 2.5 公分大小的塊狀

1 小匙鹽

1 小匙黑胡椒

3/4 小匙乾燥奧勒岡

1. 預熱烤箱至攝氏 190 度，網架放到最下層。
2. 不沾披薩烤盤用手抹上 1/2 大匙油（小孩很喜歡做這件事）。
3. 麵團壓到烤盤上，切掉多出的部份。
4. 均勻地抹上番茄，並灑上羅勒、起司、鹽、黑胡椒和奧勒岡。
5. 在披薩上均勻地淋剩下 2 大匙橄欖油，烤 20 至 30 分鐘。不時檢查一下披薩底部，如果有點上色就烤熟了。

麵包粉球花甘藍貓耳朵麵

Ⓢ 銀髮族

6 人份

1/4 條乾掉的義大利麵包，切成約 2.5 公分大小的塊狀

7 大匙頂級橄欖油

6 瓣大蒜，5 瓣切片 1 瓣切末

3 片鯷魚，切碎

1 大匙又 1/2 小匙鹽

2 把球花甘藍，洗淨修剪整齊

1 小匙辣椒片

450 公克貓耳朵麵

1/2 小匙黑胡椒

1/4 杯（60 公克）磨碎的帕馬森起司或佩科里諾起司

1. 預熱烤箱至攝氏 220 度。
2. 切好的麵包塊平舖在烤盤上，淋 1 大匙橄欖油混合均勻。烤 10 至 15 分鐘，不時翻攪一下，直到金黃上色。
3. 烤好的麵包放入果汁機，加入蒜末和鯷魚打成細碎的麵包粉。
4. 1 大匙鹽加入一鍋水大火煮滾。
5. 球花甘藍切成 5 到 8 公分的花，再把葉梗切成 1 公分段狀。葉梗放入滾水燙 1 分鐘，瀝乾備用。保持水滾的狀態。
6. 大鍋用中火熱 3 大匙油，加入蒜片和辣椒片，炒到蒜片金黃。
7. 加入球花甘藍，翻炒 2 至 3 分鐘，加入剩下 1/2 小匙鹽，轉成中火蓋上鍋蓋煮 30 秒。
8. 在同一鍋滾水中加入貓耳朵麵，照包裝指示煮到彈牙口感。煮好後保留 1/4 杯（60 毫升）煮麵水再瀝乾。
9. 瀝乾的貓耳朵麵和煮麵水拌入球花甘藍鍋，炒 30 秒。

10. 翻炒的同時淋上剩下 3 大匙橄欖油，再加黑胡椒。

11. 鍋子離火拌入起司屑。每份義大利麵灑上大量的麵包粉後食用。

鯷魚

你可能已經注意到，鯷魚常出現在我的食譜中，特別是當作調味。很多人不喜歡鯷魚強烈的腥味，但其實用熱油炒過就融化了，其作用在於提出美妙的鹹鮮海味，根本吃不出來有鯷魚。很多廚師也運用同樣的手法，讓人不知不覺地吃下去。我鼓勵各位試試其強大的畫龍點睛調味效果，同時還能攝取到健康的 Omega 脂肪酸。

青豌豆燉飯

Ⓑ 嬰兒　Ⓚ 兒童

製作燉飯的關鍵，是要注意絕對不能讓飯黏鍋。我們可以自行調整這道食譜的份量，來做給全家人分享。這道燉飯也可以用冷凍去皮蠶豆代替豌豆，其他做法和食材都一樣。

2 人份

1 公升雞骨或蔬菜高湯，可視情況斟酌份量

1/4 小匙鹽（如果使用新鮮豌豆才要加）

1 又 1/2 杯（360 公克）新鮮或解凍豌豆

3 大匙頂級橄欖油

2 大匙切碎的火蔥或黃洋蔥

2 大把（約 120 公克）乾燉飯米（請見附註）

4 大匙白葡萄酒，可省略（做給成人吃再加）

1 大匙奶油（這應該是整本書裡唯一 1 大匙的奶油！）

4 大匙磨碎的帕馬森起司

1. 高湯倒入中鍋小火加熱。
2. 如果使用新鮮豌豆，煮滾一小鍋水並加鹽，燙豌豆 5 至 7 分鐘後瀝乾。
3. 一半的豌豆放入果汁機打成泥，可加一點高湯調整稠度，豌豆泥會讓燉飯變成綠色。保留一半完整的豌豆備用。

4. 中鍋用中火熱橄欖油，加入火蔥翻炒 2 至 3 分鐘。
5. 燉飯米下鍋均勻地裹上油。
6. 如果用白葡萄酒的話現在下鍋，酒精揮發後馬上舀入高湯，保持燉飯米溼潤。
7. 中火煮到米粒軟熟，不停地攪拌並一點一點加入高湯，大約需要 20 分鐘。別讓燉飯黏鍋。
8. 煮到 15 分鐘左右時，加入整顆豌豆和豌豆泥拌勻。
9. 20 分鐘時關火，拌入奶油和起司，做成漂亮的鮮綠色香濃燉飯。可加入高湯調整成喜歡的稠度。

附註：乾米吸收湯汁後會膨脹成 3 倍大。

（編按）：在台灣，質地最接近義大利米的是台梗九號米，若找不到義大利米的話，可以用台梗九號米來代替，口感也非常好。

魚類和其他海鮮

Ⓑ 嬰兒
Ⓚ 兒童
Ⓢ 銀髮族

煎鰈魚佐櫛瓜馬鈴薯

Ⓚ 兒童

4 人份

2 小匙鹽

10 顆小馬鈴薯，保留外皮

2 大匙第戎芥末醬

3 大匙紅酒醋

5 至 6 根酸黃瓜，切碎

2 大匙酸豆，瀝乾

10 大匙頂級橄欖油

2 小匙黑胡椒

900 公克去皮鰈魚排

3 大匙芥花油

2 大匙切碎的火蔥

2 根中型櫛瓜，切成 5 公分長 0.5 公分寬的片狀（約 200~250 公克）

1. 預熱烤箱至攝氏 90~95 度。
2. 馬鈴薯放入一鍋冷水中，加 1 小匙鹽，大火煮 12 至 15 分鐘，直到叉子可以穿透馬鈴薯，但仍保留硬度。
3. 同時，芥末醬、醋、酸黃瓜、酸豆、4 大匙橄欖油、1/2 小匙鹽和 1 小匙黑胡椒放入小碗混合均勻，調好的醬汁備用。
4. 鰈魚排抹上剩下 1/2 小匙鹽和 1 小匙黑胡椒。
5. 芥花油和 3 大匙橄欖油倒入大鍋，大火加熱到發煙。
6. 鰈魚排下鍋，中大火煎 3 分鐘，輕輕地翻面再煎 2 至 3 分鐘。起鍋放進烤箱保溫。
7. 馬鈴薯切成 0.5 公分的厚片放入熱鍋，加 3 大匙橄欖油、火蔥和櫛瓜炒 3 至 4 分鐘。
8. 魚排和蔬菜擺盤，淋上調好的醬汁。

鹽烤鯖魚片

Ⓢ 銀髮族

如果你不常料理鯖魚，那麼這道簡單又美味的料理很適合當作入門。請事先準備食材，魚片料理前得先放入冰箱 1 至 2 小時，能冷藏隔夜更好。這個份量其實是我家一餐吃的兩倍，因為我會多做一點，剩下的冰起來，第二天再做成沙拉，請參考下面介紹的方法。

8 人份

8 片鯖魚（一片約 110~170 公克）

1 大匙鹽

5 大匙頂級橄欖油

1 顆檸檬，切成角狀

1. 在鯖魚帶皮面斜劃 2 至 3 刀，深度剛好能切到魚肉。
2. 魚片兩面抹鹽後，冷藏 1 至 2 小時或隔夜。
3. 預熱烤箱上火，網架放在熱源下方 10~12 公分的位置，烤盤抹 1 大匙油。
4. 拍掉魚片上多餘的鹽，兩面各淋 2 大匙橄欖油，帶皮面朝上（不然魚肉會乾掉）放入烤盤。
5. 烤 3 至 4 分鐘直到上色。鯖魚很快熟，小心不要烤過頭。
6. 烤好的鯖魚帶皮面朝上擺盤，搭配檸檬角。淋上剩下 2 大匙油。

沙拉做法：4 片剩下的鯖魚，去皮去骨，剝成小塊，放入碗中，加入 1/2 小匙鹽、1/2 小匙黑胡椒、1 大匙紅酒醋、1/2 顆檸檬汁、1/4 杯（60 公克）切碎的芹菜、1/2 顆中型洋蔥（切碎）、2 大匙酸豆（瀝乾切碎）、3 大匙頂級橄欖油和 1 大匙美乃滋拌勻。

巴勒摩式紅笛鯛

這是西西里島首都巴勒摩料理紅笛鯛的方法。

4 人份

8 大匙頂級橄欖油

1 顆中型洋蔥，切細絲

2 顆中型馬鈴薯，去皮切薄片

1 大匙新鮮迷迭香，切碎

1 小匙磨碎的辣椒片（請見附註）

1 又 1/2 小匙鹽

1/2 杯（120 公克）麵粉

2 條（每條約 680~900 公克）紅笛鯛，去鱗處理乾淨

1 杯（240 毫升）馬薩拉酒

1 顆檸檬擠出的汁

1. 預熱烤箱至攝氏 190 度。
2. 小火加熱 4 大匙橄欖油，加入洋蔥炒 2 分鐘（別讓洋蔥上色）。
3. 加入馬鈴薯、迷迭香、辣椒和 1/2 小匙鹽，炒 3 至 5 分鐘後備用。
4. 在淺盤中混合麵粉和剩下的 1 小匙鹽，沾在魚上。
5. 3 大匙油倒入耐熱烤鍋，中大火加熱。裹上麵粉的魚下鍋，兩面各煎 1 分鐘。
6. 加入馬薩拉酒和檸檬汁，濃縮到剩一半。
7. 加入馬鈴薯和洋蔥，鍋子放進烤箱。10 分鐘後把魚翻面，攪拌馬鈴薯和洋蔥 2 至 3 次，再繼續烤 5 分鐘。
8. 魚搭配馬鈴薯和洋蔥擺盤，淋上烤鍋裡剩下的湯汁。

附註：我用香料研磨器把辣椒片磨成細粉，沒時間的話也可以用整片的。

豌豆燉花枝

花枝處理起來比較費工，但很值得！請見 92 頁關於花枝的選購、保存和烹調小技巧。

4 人份

1/4 杯（60 毫升）頂級橄欖油

1/4 杯（60 公克）切碎的洋蔥

1/2 小匙辣椒片

1 大匙切碎的大蒜

2 大匙切碎的新鮮巴西利葉

1 杯（240 公克）碎橢圓番茄（我用手捏碎），保留汁液

900 公克中型花枝，切成圓圈狀，觸角切段，徹底清洗乾淨

1 杯（240 公克）冷凍豌豆，解凍

1 小匙鹽

1 小匙黑胡椒

1. 中火熱油，加入洋蔥和辣椒片，炒到洋蔥軟熟。加入大蒜炒 1 分鐘。
2. 拌入巴西利葉、番茄和番茄汁，蓋上鍋蓋煮 8 至 10 分鐘。
3. 花枝下鍋，蓋上鍋蓋，小火（請見附註）煮 15 分鐘，不時攪拌。
4. 加入豌豆、鹽和黑胡椒再煮 5 分鐘，趁熱食用。

附註：花枝和淡菜一定要用小火煮。

烤大比目魚排佐沙拉

這道料理有一片酥脆的大比目魚，搭配新鮮綜合沙拉。大比目魚這種肉質比較乾的魚，適合佐以多汁的配料。

4 人份

4 瓣大蒜，切末

1 又 1/2 小匙鹽

3 大匙頂級橄欖油

2 片 450 公克重的大比目魚排（約 2.5 公分厚）

沙拉

3/4 杯（180 公克）小番茄，切半

1/2 顆紫洋蔥，切細絲

3 大匙頂級橄欖油

1/2 小匙鹽

1/2 小匙黑胡椒

1/4 杯（60 公克）卡拉馬塔橄欖，去籽切片

1 小匙略微切碎的芫荽葉

1/4 杯（60 公克）去籽切塊的小黃瓜

1/2 大匙紅酒醋

1. 預熱烤箱上火，蒜末、鹽和油放入碗中混合均勻。
2. 魚排兩面裹上調味好的油，放入抹了油的烤盤。
3. 一面烤 3 至 4 分鐘，小心不要烤過頭，保留大比目魚的鮮美。
4. 製作沙拉配菜：把所有食材放入碗中拌勻，食用前舀到魚排上。

烤金頭鯛

金頭鯛生長在地中海及北大西洋東岸的水域，是一種肉薄而鮮甜的白肉魚。通常用來做馬賽魚湯之類的燉菜，因為其柔軟的魚肉在烹煮過程中不會散掉。金頭鯛富含健康 Omega-脂肪酸，含汞量低又經濟實惠。請挑選結實、魚眼清澈又帶著新鮮海味的金頭鯛。

2 人份

3 大匙頂級橄欖油

3 顆大型馬鈴薯，切成 0.5 公分的厚片

3/4 小匙鹽

1/4 杯（60 毫升）白葡萄酒

20 顆卡拉馬塔橄欖，去籽切半

2 大匙酸豆

1 大匙新鮮迷迭香，切碎

2 條（每條 680~900 公克）金頭鯛，去鱗處理乾淨

1/2 小匙黑胡椒

1. 預熱烤箱至攝氏 205 度，取一個深烤盤抹油。
2. 中火熱 2 大匙油，加入馬鈴薯和 1/4 小匙鹽，炒 3 至 4 分鐘。
3. 加入白葡萄酒橄欖酸豆和迷迭香，半蓋鍋蓋煮 2 至 3 分鐘。
4. 金頭鯛擺在烤盤上，淋剩下 1 大匙鹽，兩面各抹 1/2 小匙鹽和黑胡椒，烤 7 分鐘。
5. 魚翻面，加入炒好的橄欖酸豆薯片，再烤 5 分鐘。
6. 金頭鯛擺盤，淋上湯汁和橄欖酸豆薯片。

米蘭酥烤旗魚

4 人份

8 大匙頂級橄欖油

1 又 1/2 杯（360 公克）日式麵包粉

680 公克旗魚，切成 0.5 公分厚的魚片

1 小匙鹽

1 小匙黑胡椒

約 70~80 公克《經典普切塔》餡料（請見 188 頁）

1. 預熱烤箱至攝氏 220 度。
2. 6 大匙橄欖油倒入淺盤。麵包粉放進密封夾鍊袋輕輕地壓碎，裹旗魚時可以黏得更牢。麵包粉倒入另一個淺盤。
3. 旗魚片灑上鹽和黑胡椒，兩面先沾油，再裹滿麵包粉。
4. 不沾烤盤底部抹 2 大匙橄欖油，平舖魚片。烤 4 分鐘後翻面，再轉成上火烤 30 秒。
5. 魚片分盤，每份放上 2 大匙普切塔餡料後食用。

海鮮替代

找不到食譜中要求的某種魚，或買不到新鮮的，可以用其他魚種代替（可能會影響烹調時間的長短）：

鰈魚＝比目魚

馬頭魚＝鱈魚、大比目魚

紅笛鯛＝條紋鱸、黑鱸、吳郭魚、門齒鯛

大比目魚＝鱈魚、馬頭魚

金頭鯛＝歐洲海鱸、紅笛鯛、黑鱸、條紋鱸

挪威海螯蝦＝龍蝦

淡菜＝蛤蜊（不一定可替代）

檸檬比目魚＝一般比目魚、鰈魚

智利海鱸＝鱈魚

歐洲海鱸＝條紋鱸、黑鱸、紅笛鯛、金頭鯛

旗魚＝鮪魚

茄汁淡菜

我對西西里島童年生活印象最深刻的，就是每道菜都加了大蒜和番茄。這道料理是我喜歡的清蒸淡菜變化版，可以用麵包沾著湯汁當成主菜吃。請參考 92 頁關於選購、保存和烹調淡菜的方法。

4 人份

3 大匙頂級橄欖油
1 顆大型洋蔥，切碎
4 瓣大蒜，壓碎
1 小匙鹽
1 小匙辣椒片
8 顆新鮮或罐裝橢圓番茄，切成大塊
2.5~3 公斤淡菜，洗淨去鬚
10 片新鮮羅勒葉，略微切碎
70~80 毫升白葡萄酒
義大利長棍麵包

1. 大而寬的湯鍋中火加熱橄欖油，加入洋蔥、大蒜、鹽和黑胡椒，炒到洋蔥軟熟。
2. 加入番茄，蓋上鍋蓋煮 20 分鐘。
3. 用果汁機分批將番茄打成泥。
4. 番茄泥倒回鍋中，加入淡菜、羅勒和白葡萄酒，中小火加蓋煮 3 至 6 分鐘，不時攪拌。丟掉 6 分鐘後還沒打開的淡菜。
5. 搭配切片麵包食用。

西西里燴鮪魚

6 人份

1/2 杯（120 毫升）頂級橄欖油

3 瓣大蒜，切片

8 至 10 片新鮮薄荷葉

900 公克約 2.5 公分厚的鮪魚排

1 又 1/2 小匙鹽

1 小匙黑胡椒

1/2 杯（120 毫升）白葡萄酒

1 顆中型洋蔥，切碎

450 公克番茄，去皮去籽切碎

1. 大型湯鍋中火熱 1/4 杯（60 毫升）橄欖油，加入大蒜和薄荷炒 30 秒。鮪魚抹上 1/2 小匙鹽，下鍋兩面各煎 1 分鐘，鮪魚排起鍋以免過熟。
2. 鍋中加入各 1/2 小匙鹽和黑胡椒及白葡萄酒，煮 2 至 3 分鐘直到酒濃縮剩一半。鍋子離火備用。
3. 另一鍋中火熱剩下 1/4 杯（60 毫升）油，加入洋蔥炒軟。
4. 加入切碎的番茄、剩下各 1/2 小匙鹽和黑胡椒，再炒 5 至 7 分鐘。
5. 鮪魚放入酒汁鍋，加入炒番茄，再倒入 1/2 杯（120 毫升）熱水攪拌。蓋上鍋蓋中火煮 3 分鐘。
6. 鍋子離火，將鮪魚切片，淋上醬汁後食用。

新鮮鮪魚百里香圓直麵

Ⓢ 銀髮族

煮麵的同時可做好這個簡單的醬汁。

6 人份

1 大匙又 1/2 小匙鹽

450 公克圓直麵

1/2 杯（120 毫升）頂級橄欖油

1 顆中型洋蔥，切碎

4 條油漬鯷魚，切碎

1 小匙辣椒片

450 公克新鮮鮪魚，切成 1 公分大小的塊狀

1/4 杯（60 毫升）白葡萄酒

2 顆橢圓番茄，去皮去籽切碎

1 大匙新鮮百里香，切碎

1. 大火煮滾一大鍋水，加入 1 大匙鹽和麵，照包裝指示煮到彈牙口感。
2. 同時，大鍋用中小火熱 1/4 杯（60 毫升）橄欖油，加入洋蔥鯷魚和辣椒片，炒 4 至 5 分鐘。視情況加入 1 至 2 大匙水，一次加 1 匙以免洋蔥燒焦。
3. 洋蔥炒軟後轉成中大火，加入鮪魚和剩下 1 小匙鹽，翻炒 30 秒。鮪魚只要煎脆外皮，不必全熟。
4. 加入白葡萄酒和番茄拌勻，再煮 1 分鐘。加入百里香。
5. 圓直麵瀝乾後馬上加入鍋中，炒半分鐘。
6. 拌入剩下 1/4 杯（60 毫升）橄欖油後食用。

西西里海鮮鍋飯

這道漂亮又美味的菜色聽起來很複雜，但只要需用 1 到 2 個鍋子，製作快速，方便清洗，而且很受歡迎。照食譜中我建議的方法，把淡菜和蛤蜊分開煮，可掌握最佳熟度，因為淡菜和蛤蜊需要的烹煮時間長短不一樣。

8 人份

1/4 杯（60 毫升）頂級橄欖油

1 顆大型洋蔥，切碎

3 瓣大蒜，切碎

1 顆紅椒，去籽切丁

1 顆青椒，去籽切丁

2 杯（480 公克）長米

1 小匙鹽

1 又 1/2 小匙番紅花

1/2 杯（120 毫升）白葡萄酒

1 公升新鮮蛤蜊汁（或罐裝蛤蜊汁，或魚骨高湯）

450 公克處理乾淨的花枝，切成 1 公分厚的圓圈狀

2 打小圓蛤，用小刷子刷掉砂土

450 公克淡菜，在流動的冷水下用手擦洗洗淨

225 公克中型鮮蝦，去殼挖掉泥腸

225 公克乾扇貝

1 杯（240 公克）冷凍豌豆，解凍

1. 鍋飯專用鍋（或大型炒鍋）用中小火熱油，加入洋蔥、大蒜和 1 至 2 大匙水（以免洋蔥燒焦），炒到洋蔥軟熟。
2. 加入紅椒和青椒，再翻炒 3 分鐘。
3. 加入長米，裹上橄欖油，加入鹽和番紅花。
4. 加酒再煮 2 至 3 分鐘。
5. 加入蛤蜊汁，大火煮滾後轉小火保持微滾。
6. 加入花枝，不時攪拌以免鍋底沾黏（有人說不要攪拌，但通常鍋飯專用鍋品質都不太好，容易讓食材黏鍋），煮 10 至 15 分鐘。

7. 大鍋中加入圓蛤和 2 大匙水，蓋上鍋蓋中火煮 3 至 5 分鐘，直到蛤蜊打開。不要煮太久，否則肉質會變得又老又硬。煮好的圓蛤和湯汁倒進大碗。
8. 淡菜和 2 大匙水加入同一鍋，跟煮蛤蜊一樣用中火煮。淡菜只要 2 至 3 分鐘就會打開了，淡菜和湯汁倒入蛤蜊碗中。
9. 瀝乾圓蜊和淡菜的湯汁，倒入鍋飯。
10. 鍋飯煮 15 分鐘後，加入鮮蝦花枝和豌豆攪拌，煮 4 至 5 分鐘。鮮蝦和花枝變成不透明的白色就熟了。
11. 圓蛤和淡菜擺在鍋飯上享用。

檸檬比目魚

Ⓚ 兒童

檸檬比目魚是一種肉質比較細（也比較貴）的比目魚。這道料理可以換成一般比目魚，但檸檬比目魚比較不「魚」，沒有強烈的魚味，適合當作小孩開始接觸魚的第一步。做給成人吃的話，我喜歡在每片魚排上加 2 大匙番茄普切塔餡料（請見 188 頁）。

4 人份

- 4 片檸檬比目魚（或比目魚）
- 1 小匙鹽
- 8 大匙頂級橄欖油
- 180 公克中筋麵粉，沾魚用

1. 魚片灑鹽。
2. 平底鍋用中大火熱 6 大匙橄欖油。
3. 比目魚排沾上麵粉，小火每面各煎 2 分鐘。
4. 煎好的魚排起鍋。
5. 給小孩吃的，用叉子加入剩下的 1 大匙橄欖油壓成魚泥。在大人的魚排淋上剩下的橄欖油。

番茄酸豆橄欖燴智利海鱸

這道料理也可以換成其他的硬質白肉魚，例如條紋海鱸或石斑魚。

4 至 6 人份

6 顆橢圓番茄

9 大匙頂級橄欖油

4 瓣大蒜，壓碎

鹽

1/4 杯（60 毫升）白葡萄酒

3 大匙酸豆，瀝乾

20 顆西西里綠橄欖，去籽切成四半

黑胡椒

680 公克智利海鱸，切成 4 至 6 份

1/4 杯（60 公克）麵粉

1/4 杯（60 公克）切好的新鮮羅勒

1. 預熱烤箱至攝氏 200 度。
2. 大火煮滾一鍋水，番茄底部畫十字後下鍋燙 1 分鐘。撈出來去皮去籽切成四塊。
3. 中火熱 4 大匙橄欖油，加入大蒜炒到金黃加入番茄、1/2 小匙鹽和白葡萄酒，煮 1 分鐘（不要煮太久）。加入酸豆和橄欖，再煮 2 分鐘，鍋子離火備用。
4. 耐烤鍋用中火熱 3 大匙橄欖油。魚抹鹽和黑胡椒，沾滿麵粉。
5. 油熱後，魚排下鍋一面各煎 30 秒。再把鍋子放入烤箱，不加蓋烤 6 至 7 分鐘。
6. 小心地將鍋子拿出來，均勻淋上炒好的番茄（會滋滋作響）。食用前灑上羅勒並淋剩下 2 大匙橄欖油。

煎扇貝佐白腰豆

這道料理很好變化，可以用不同的食材替換：把扇貝換成蝦子，白腰豆換成鷹嘴豆；或用百里香代替迷迭香。

除了芹菜和番茄以外，可以預先準備好其他食材，食用前只要熱一下，加入芹菜跟番茄就完成了。請注意，如果使用乾白腰豆，必須先浸泡隔夜。

4 至 6 人份的前菜，2 至 3 人份的主菜

570 公克乾白腰豆，浸泡隔夜後瀝乾；或 400~450 公克白腰豆，瀝乾

鹽

8 至 12 顆大型乾扇貝，去除內臟和鰓（請見 94 頁）

黑胡椒

8 大匙頂級橄欖油

3 瓣大蒜，壓碎

1/4 杯（60 毫升）不甜的白葡萄酒

1 小匙切碎的新鮮迷迭香

1 小匙辣椒片

1/4 杯（60 公克）切碎的芹菜，可省略

2 顆番茄，去籽切成 0.5 公分大小的塊狀，可省略

1. 如果使用乾白腰豆，浸泡瀝乾後加入滾水，中大火煮 1 小時左右直到軟熟。煮好後加入 1 大匙鹽，再瀝乾豆子備用。（豆子煮軟前太硬無法入味，所以最後再加鹽。）
2. 如果使用罐裝白腰豆，請瀝乾汁液；有些特別注意鹽量攝取的人會先沖洗，但我不會，因為我喜歡沒沖洗過的豆子讓醬汁更濃郁。拍乾扇貝，並依個人口味抹上鹽和黑胡椒。中火熱不沾鍋，加入 3 大匙橄欖油；油熱後加入大蒜煎到金黃，再挑出來丟掉。
3. 轉大火，等油熱到冒煙（必須要非常燙）後扇貝下鍋，小心不要塞太滿。每顆扇貝兩面各煎 1 分鐘，煎 1 分鐘後要翻面時，倒入白葡萄酒。煎好後起鍋備用。

4. 在同一個鍋裡，加入 3 大匙橄欖油，油熱後加入白腰豆（如果使用罐裝豆，這時請加入 1/2 小匙鹽）、迷迭香和辣椒片，炒 2 分鐘左右。再把扇貝跟湯汁倒回鍋裡，一起煮 1 至 2 分鐘。
5. 鍋子離火，喜歡的話可加入芹菜和番茄，增添清脆的口感。
6. 白腰豆分裝到餐盤，當開胃菜的話各放 2 顆扇貝，主菜 4 顆。淋上剩下 2 大匙橄欖油並盡快食用，以免芹菜和番茄受熱後變軟。

鮪魚塔塔

因為這道菜用生鮪魚，所以一定要買到新鮮優質的生魚片等級鮪魚（ 「生魚片等級」沒有正式地規範，但應該代表魚肉沒有致病的寄生蟲，可以生吃）。找一家你信賴的魚販，環境乾淨並遵守食品安全規定的店家。有些鮪魚會打入一氧化碳，保持鮮紅的色澤；所以找一家值得信賴的魚販很重要。（這種做法通常是安全的，但可能掩蓋了鮪魚的鮮度和品質。）鮪魚應該呈現鮮紅色，如果太紅或偏暗，可能已經不新鮮了，也不要買有太多白色纖維的鮪魚。如果鮪魚塊中間有往外延伸的白色纖維，請切除。

6 人份

450 公克生魚片等級的新鮮鮭魚，切成 0.5 公分大小的塊狀

1 小匙第戎芥末醬

1 小匙鹽

1 小匙黑胡椒

1 大匙（生的）芝麻油

2 大匙酸豆，瀝乾切碎

2 大匙切碎的火蔥

3 大匙去皮去籽切碎的小黃瓜

1 大匙新鮮薑末

1. 所有食材放入大碗中，用手均勻混合。
2. 餐盤上放一個圓型餅乾模，加入 3 至 4 大匙餡料，用湯匙底輕輕地壓緊塑型。
3. 拿掉餅乾模，當冷菜食用。

歐洲海鱸佐淡菜蛤蜊

歐洲海鱸原產於東大西洋和地中海水域，重量約680公克到1.36公斤。結實鮮美的白肉，帶有細小魚刺。這種魚富含 Omega-3 脂肪酸、蛋白質和抗氧化的硒。養殖歐洲海鱸的汞含量低。

4 人份

2 條（每條 680~900 公克）歐洲海鱸，片成 4 片

1/2 小匙鹽

1 小匙黑胡椒

6 大匙頂級橄欖油

6 瓣大蒜，壓碎

1 大匙番茄醬

1/2 杯（120 毫升）白葡萄酒

12 個小圓蛤，刷洗乾淨

900 公克淡菜，刷洗乾淨

1 至 2 大匙切碎的新鮮巴西利葉，裝飾用

1. 魚排的肉面抹上鹽和黑胡椒。
2. 中大火熱鍋，加入 4 大匙橄欖油、大蒜和番茄醬，炒到大蒜金黃。加入白葡萄酒並鋪上魚片。
3. 放入圓蛤，兩殼連結的地方靠著鍋邊。蓋上鍋蓋，中火煮 4 分鐘左右。
4. 打開鍋蓋加入淡菜，再蓋上鍋蓋煮 3 分鐘，直到淡菜打開。
5. 鍋子離火，丟掉沒打開的淡菜和蛤蜊。魚上淋剩下 2 大匙橄欖油，食用時灑巴西利葉裝飾，並淋上鍋裡的醬汁。

生醃大比目魚與扇貝

這道海鮮冷盤特別適合在溫暖的夏日夜晚享用。既美味又富含多種地中海飲食的營養食材：酪梨的 Omega-3 脂肪和兩種海鮮，柑橘、番茄和洋蔥滿滿的抗氧化物及多酚，還有未經烹調的新鮮橄欖油。

4 人份

225 公克大比目魚，切成約 1.5 公分大小的塊狀

225 公克海灣扇貝

1/2 顆紫洋蔥，切成細絲

1/2 小匙鹽

1 根墨西哥辣椒，去籽切碎

1 顆檸檬擠出的汁

1 顆柳橙擠出的汁

2 顆萊姆擠出的汁

1 大匙切碎的新鮮芫荽葉

1 顆酪梨果肉，切成 1.5 公分大小的塊狀

2 顆橢圓番茄，去籽切成 1.5 公分大小的塊狀

2 大匙頂級橄欖油（請見附註）

1. 比目魚、扇貝、洋蔥、鹽、墨西哥辣椒和各種柑橘汁放入大碗拌勻。冷藏 30 醃分鐘。
2. 拌入芫荽葉、酪梨和番茄。
3. 裝進馬丁尼杯，淋上橄欖油食用。

附註：你可能已經注意到，雖然烹調時我用了橄欖油，食用前還是會淋上新鮮橄欖油。因為未經烹調的油和烹調過的味道不同，我喜歡新鮮油帶來的香味。最後加入橄欖油也最健康，烹調過程中可能會流失抗氧化功效。

檸檬橙汁烤鮭魚

Ⓚ 兒童　Ⓢ 銀髮族

這道我太太斯維拉娜建議的鮪魚料理，改良自我的前一本書收錄的食譜。很多小孩都覺得這道菜很好吃，但是裡面加了蜂蜜，就算經過烹調，也不適合 1 歲以下的嬰兒食用。

這道菜最好先讓鮭魚醃一個半小時後再進烤箱。

4 至 6 人份

2 顆柳橙擠出的汁

1 又 1/2 顆檸檬擠出的汁

2 大匙醬油

2 大匙蜂蜜，可省略

3 大匙頂級橄欖油，並視個人喜好增加

900 公克帶皮鮭魚排

1/2 小匙鹽

1/2 小匙黑胡椒，可省略

1. 在大烤盤中加入柳橙汁、檸檬汁、醬油、蜂蜜（可省略）和橄欖油，均勻攪拌讓蜂蜜溶化。
2. 鮭魚兩面抹鹽（如果只做給成人吃可抹黑胡椒）。
3. 鮭魚放入烤盤，冷藏，一面各醃 45 分鐘。
4. 預熱烤箱上火。
5. 鮭魚放入烤箱帶皮面朝下烤至分鐘（依厚度而定）。
6. 給幼兒吃的，用湯匙加橄欖油壓成綿密的魚泥。喜歡滑順口感的人，可吃裡面柔軟的魚肉（一定要用上火烤不然會影響味道）。鮭魚淋上烤盤裡的汁，立刻食用。

禽類和肉類

Ⓑ 嬰兒

Ⓚ 兒童

Ⓢ 銀髮族

酸豆雞排

4 人份

4 大匙頂級橄欖油

4 片鯷魚切碎

3 大匙酸豆

680 公克雞排，敲平（請見附註）

1/2 小匙鹽

1 小匙黑胡椒

2 瓣大蒜，切碎

3 顆檸檬擠出的汁

3 大匙切碎的新鮮巴西利葉

1. 中火熱 2 大匙橄欖油，加入鯷魚和酸豆，用木匙把鯷魚壓進油裡炒到溶化，約 2 分鐘。
2. 雞排灑鹽和黑胡椒，撥開酸豆放進鍋中。
3. 雞排兩面各煎 2 分鐘直到熟透。
4. 雞排起鍋，加入大蒜炒 20 至 30 秒，鍋內淋上 2/3 的檸檬汁。
5. 雞排放回鍋裡煎 30 秒，和湯汁拌勻。
6. 起鍋後舀上酸豆和湯汁，淋上剩下 2 大匙橄欖油及檸檬汁，灑巴西利葉裝飾。

附註：雞肉排的厚度常常不平均，所以肉的熟度也不均勻。為了解決這個問題，把雞肉排夾進兩張保鮮膜或放入夾鍊袋，用肉鎚或厚底鍋敲成 1 公分的均勻厚度。

優格烤雞

Ⓚ 兒童　Ⓢ 銀髮族

中東和南義大利料理常用優格醃雞肉，讓肉質更軟嫩多汁。醃肉前保留一些優格醬，可當作雞肉烤好後的美味配料。

4 人份

3 顆萊姆

3 大匙頂級橄欖油，並多準備些淋在雞肉上

2 瓣大蒜，切碎

20 片新鮮羅勒葉，切碎

3 大匙切碎的蝦夷蔥

1 大匙黑胡椒

360 公克優格

1 小匙鹽

2 大匙切碎的青蔥

1 隻雞，切成 8 大塊

青蔥切絲，裝飾用

1. 留 1 顆萊姆裝飾用。其他萊姆磨下 1 大匙皮屑後擠出 2 顆萊姆汁。
2. 萊姆皮屑和汁放入果汁機，加橄欖油、大蒜、羅勒、蝦夷蔥、黑胡椒、優格、鹽和切碎的青蔥，打成滑順的醃醬，保留 1/3 杯（80 公克）冷藏。
3. 剩下的醃料放進大盆，加入雞肉塊拌勻密封冷藏，醃 8 小時左右。
4. 預熱烤箱至攝氏 240 度。剩下的萊姆切成角狀，把保留的醃醬拿到室溫靜置。
5. 拍乾雞肉的醃醬，淋上油。
6. 雞肉放入烤盤，烤 40 分鐘左右。
7. 烤好的雞肉搭配醃醬和萊姆角擺盤，並灑上青蔥絲裝飾。

萊姆烤雞腿

Ⓚ 兒童

我的合夥人狄亞哥・狄亞茲醫生給了我們這道食譜，成為我家小孩的最愛之一。每次去鄉下玩我們都會烤這道菜，雞腿肉多汁又有豐富的滋味。

4 人份

900 公克雞腿

1 小匙鹽

1 小匙黑胡椒

7 顆萊姆，1 顆擠汁，6 顆切成角狀裝飾用

3 大匙芥花油

1 大匙頂級橄欖油

1. 雞腿、鹽、黑胡椒、萊姆汁和芥花油放入密封夾鍊袋，冷藏醃 4 小時。
2. 預熱烤箱上火。
3. 拍乾雞肉的醃醬，放在烤盤上，用上火每面各烤 4 至 5 分鐘。
4. 烤好的雞腿搭配萊姆角，擠上新鮮萊姆汁並淋橄欖油食用。

烤雞柳條

Ⓚ 兒童

這道菜比炸雞柳條還好吃！鹽漬好雞肉後，我會分配小孩不同的任務，例如灑鹽、裹粉或淋上橄欖油。

2 人份

225 公克切好的雞柳條或是切成長條狀的雞排

2 大匙鹽，並視情況斟酌

3 大匙頂級橄欖油

2 瓣大蒜，切碎

1/2 杯（120 公克）調味麵包粉

2 大匙磨碎的帕馬森起司

1. 水裡加鹽，浸泡雞肉 10 至 15 分鐘，沖洗後拍乾。
2. 雞柳條 2 大匙橄欖油和大蒜放入密封夾鍊袋，冷藏醃 1 小時。
3. 預熱烤箱至攝氏 200 度，烤盤抹上橄欖油。
4. 拍掉醃雞肉的大蒜，喜歡的話可以灑一點鹽。
5. 在另一個盤子裡混合麵包粉和帕馬森起司，均勻地裹上雞肉。
6. 雞柳條放在烤盤上，並淋一點剩下的 1 大匙橄欖油。
7. 烤 10 分鐘後翻面，再烤 3 分鐘。

酥烤雞排

Ⓚ 兒童

這道菜很適合搭配普切塔餡料（請見 188 至 189 頁），一片雞排加 2 大匙。我喜歡用白巴薩米可油醋醬拌球花甘藍或苦苣，當作配菜沙拉。

4 人份

680 公克雞排，敲成 1 公分的均勻厚度

鹽

1 杯（240 公克）調味麵包粉

1/4 杯（60 公克）磨碎的帕馬森起司

2 瓣大蒜，切碎

1 小匙黑胡椒

1/4 杯（60 毫升）頂級橄欖油，並視情況斟酌

1. 雞肉放入冷水中蓋過，加 2 大匙鹽醃漬 10 至 15 分鐘，沖洗後拍乾。
2. 預熱烤箱至攝氏 200 度，烤盤抹上橄欖油。
3. 麵包粉、帕馬森起司碎和大蒜混合均勻。
4. 雞排兩面各抹上 1 小匙鹽和黑胡椒，再塗上橄欖油。
5. 雞排裹好麵包粉，放入烤盤。
6. 淋上剩下 1/2 小匙橄欖油，烤 10 至 12 分鐘；翻面再淋上橄欖油烤 3 分鐘。
7. 轉成上火，烤 3 分鐘上色並增加酥脆口感。小心別讓麵包粉烤焦（不然會變得很苦）。

西西里式犢牛排

趁熱食用，搭配涼拌綠葉沙拉佐油醋醬。

4 人份

3 大匙白酒醋

450 公克犢牛排，切成薄片並敲平

1/4 杯（60 公克）切碎的新鮮巴西利葉

1 瓣大蒜，切碎

1/4 杯（60 公克）磨碎的佩科里諾起司

2 顆蛋，打勻

1/2 杯（120 公克）原味麵包粉

1/2 大匙鹽

1/2 大匙黑胡椒

1/4 杯（60 毫升）頂級橄欖油

1. 犢牛排和醋放入密封夾鍊袋，醃 20 分鐘。
2. 準備三個碗：一個混勻巴西利葉、大蒜和起司，一個倒入打好的蛋液，另一個放麵包粉。
3. 犢牛排拿出來甩乾醋，兩面抹上鹽和黑胡椒。
4. 犢牛排先沾起司碎，再沾上蛋液，最後裹滿麵包粉。
5. 大火熱油，快要冒煙時裹好粉的犢牛排下鍋，兩面各煎 40 至 60 秒。食用前放在鋪了餐巾紙的餐盤上吸油。

香烤豬里肌

球芽甘藍、炒羽衣甘藍、球花甘藍和烤馬鈴薯都很適合搭配這道菜。

6 人份

2 塊約 450~680 公克重的豬里肌

1/2 杯（120 毫升）檸檬汁

6 瓣大蒜，切碎

2 大匙切碎的新鮮迷迭香

2 大匙切碎的新鮮百里香

1 小匙鹽

1 大匙第戎芥末醬

1/3 杯（80 毫升）頂級橄欖油

1 大匙黑糖

1. 豬里肌放入密封夾鍊袋。
2. 剩下的材料在碗裡混合均勻調成醃料，倒進夾鍊袋將豬里肌醃隔夜。
3. 預熱烤箱至攝氏 220 度。
4. 取出豬里肌，放在耐熱大烤鍋上，用中大火加熱。
5. 讓豬里肌外皮煎上色，每面各煎 1 分鐘。
6. 鍋子放入烤箱，烤 10 分鐘，直到最厚的地方插入溫度計達到攝氏 62 度。
7. 靜置 10 分鐘後，切成 1 公分的厚片，一盤擺 3 至 4 片。

打造地中海式的用餐習慣

- 在附近的公園享用戶外午餐。
- 挪出一段時間和親友散步。
- 到當地的農夫市集採買食材。
- 和朋友或全家人一起煮飯。
- 用餐時關掉所有電子產品。
- 絕對不要站著吃東西。用心地吃，欣賞食材的味道和口感。
- 晚餐後和孩子或朋友到外面散散步。

蒜味香草烤無骨羊腿

羊腿屬於較低脂的肉。比如說，85 公克的瘦羊腿和丁骨牛排相比，羊肉只有 2 公克飽和脂肪（總共 7 公克脂肪），而牛排有 10 公克（總共 23 公克脂肪）；熱量也少了一半。

這道羊腿最適合搭配烤馬鈴薯或大蒜鼠尾草炒白腰豆食用。

6 人份

2 大匙切碎的新鮮百里香

2 大匙切碎的新鮮迷迭香

1 大匙鹽

1 大匙黑胡椒

1/4 杯（60 毫升）頂級橄欖油

4 瓣大蒜，切末

1 根約 1.8 公斤重的無骨羊腿，縱切成兩半

1. 百里香、迷迭香、鹽、黑胡椒、油和大蒜放入碗中混合均勻。
2. 羊腿放在烤盤，兩面抹上大量的醃料，可以先冷藏 1 至 2 小時或直接烤。
3. 預熱烤箱至攝氏 190 度。
4. 烤 15 至 20 分鐘，轉成上火，兩面再各烤 3 至 5 分鐘，直到溫度計插入最厚的地方達到攝氏 62 度的五分熟熟度。
5. 讓羊腿室溫靜置 5 分鐘以保留肉汁，再分切食用。

週日大餐

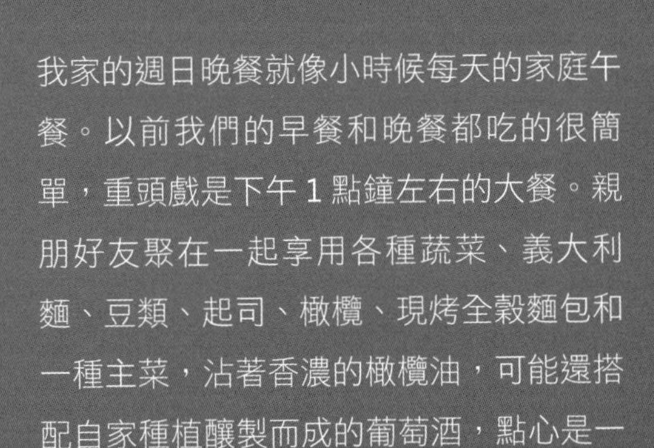

我家的週日晚餐就像小時候每天的家庭午餐。以前我們的早餐和晚餐都吃的很簡單，重頭戲是下午 1 點鐘左右的大餐。親朋好友聚在一起享用各種蔬菜、義大利麵、豆類、起司、橄欖、現烤全穀麵包和一種主菜，沾著香濃的橄欖油，可能還搭配自家種植釀製而成的葡萄酒，點心是一大盤熟透的當季水果和去殼核桃。這頓飯可說是地中海飲食的精髓。

週日大餐的特色是以前不會（現在也不會）有海鮮料理。因為禮拜五不捕魚、禮拜六沒有送貨，等到禮拜天就不新鮮了。因此我們的禮拜天是以肉類或禽類為主菜的一天。

從以下的類別裡各挑一種，創造出你家的週日大餐，搭配氣泡水、白開水或葡萄酒享用。

肉類：媽媽的肉丸義大利麵（269 頁）、蒜味香草烤無骨羊腿（265 頁）、酥烤雞排（260 頁）

蔬菜（選兩種）：奧勒岡醋漬胡蘿蔔（164 頁）、帕馬森起司烤花椰菜（166 頁）、橄欖油馬鈴薯泥（169 頁）

義大利麵：選一種義大利麵搭配簡單快速茄汁醬（290 頁）

簡單的生菜沙拉（選擇沒有加雞肉或魚肉的）：烤茄子番茄沙拉（140 頁）、佩科里諾起司沙拉（146 頁）、蘑菇沙拉（147 頁）

麵包：義大利長棍麵包沾橄欖油

甜點：地中海甜點盤（285 頁），喜歡道地風味的話可選擇水煮朝鮮薊（176 頁）

媽媽的肉丸義大利麵

🅚 兒童

這是我媽媽的食譜。她教我做出美味肉丸的秘訣，就是讓肉丸泡溫水半小時後再煎。麵包粉吸飽水份，產生軟嫩的口感。

肉丸是減少肉類攝取的好方法。當作義大利麵的點綴，而不是整道菜的主角。肉丸也很適合冷凍，所以我喜歡做一大堆，剩下的冷凍起來，之後可以簡單地做一頓飯。

8 人份

肉丸

450 公克豬絞肉

450 公克牛絞肉

450 公克犢牛絞肉

3 顆打勻的雞蛋

2 瓣大蒜，切碎

1/2 杯（120 公克）切碎的新鮮巴西利葉

1 杯（240 公克）調味麵包粉

2/3 杯（160 公克）磨碎的帕馬森起司

1 大匙黑胡椒

1/2 大匙鹽

1/2 杯（120 毫升）芥花油

1/2 杯（120 毫升）頂級橄欖油

義大利麵

1 又 1/2 至 2 公升的簡單快速茄汁醬（290 頁）

2 大匙鹽

900 公克水管麵或其他短麵

磨碎的帕馬森起司，搭配食用

1. 首先製作肉丸。絞肉、蛋液、大蒜、巴西利葉、麵包粉、起司屑、黑胡椒、鹽和 1/2 杯（120 毫升）水放入大碗，用手拌勻。
2. 拌好的肉丸餡用手指戳洞，淋上 1/2 杯（120 毫升）水，室溫靜置30分鐘。肉餡吸收水份後口感更柔軟。
3. 肉丸搓成一球冰淇淋的大小，排在大盤上。大約會做出 30 顆肉丸。
4. 大火加熱芥花油和橄欖油。肉丸下鍋，一面各煎 2 分鐘左右。鍋子不要塞太滿，別煎太久讓肉汁流失。
5. 茄汁醬倒入鍋中。半蓋鍋蓋中火加熱，加入肉丸和 1/2 杯（120 毫升）水（之後會被肉丸吸收），煮 10 至 15 分鐘。
6. 撈出肉丸，放在預熱好的餐盤上。煮麵時把醬汁鍋移開火爐。
7. 大火煮滾一大鍋水，加入鹽和水管麵，煮到彈牙口感，約 9 分鐘。麵快煮好時再用中火加熱醬汁。
8. 瀝乾水管麵，放入醬汁鍋，中火煮 30 秒。
9. 煮好的麵分裝到餐盤，依個人喜好灑上起司。每盤放 3 顆肉丸，再灑一點起司。

碳烤

Ⓑ 嬰兒
Ⓚ 兒童
Ⓢ 銀髮族

歐洲海鱸鑲柑橘

Ⓢ 銀髮族

這道菜是我最喜歡的碳烤料理之一。如果買到整條魚，烤的時候請保留頭尾以鎖住魚汁。魚肚烤乾就代表魚烤熟了。

2 人份

2 條完整的歐洲海鱸，處理乾淨（去鱗、切除內臟和鰭，但保留魚頭）

1 小匙鹽

4 大匙頂級橄欖油

3 顆檸檬

2 顆柳橙

1/2 杯（120 公克）新鮮羅勒葉

1. 烤架或烤盤刷乾淨，塗上大量的橄欖油（或其他植物油），中火預熱。
2. 整條魚抹上鹽，再塗 2 大匙橄欖油。
3. 磨下 1 顆檸檬和 1 顆柳橙的皮，擠 1 顆檸檬汁。柑橘皮屑和果汁混合均勻，剩下的檸檬和柳橙切成 0.5 公分厚的圓圈狀，和羅勒葉一起塞進魚肚。果皮汁加入剩下 2 大匙橄欖油，攪拌均勻後讓皮屑沉到底部。
4. 魚放到抹好油預熱過的烤爐上，蓋上烤爐蓋（請見附註），用間接中火烤 10 分鐘，翻面再烤 7 至 10 分鐘。
5. 魚烤好後，趁熱淋上檸檬油，不要加苦苦的皮屑。

附註：我家廚房有餐廳用烤爐（請見 274 頁的圖片），不加蓋沒關係。但如果你的烤爐有蓋子，這時請蓋上。

碳烤的注意事項

美國癌症研究協會指出，包括雞肉和魚肉在內的各種肉，一旦烤到焦黑，可能會吃下致癌物質。（碳烤蔬菜和水果不會產生致癌物，所以很安全。）

如果要烤肉，請小心別燒焦，並遵守以下的注意事項：

烤架清乾淨。每次使用完都把烤架仔細地刷乾淨，避免累積細菌，殘留有毒的燒焦物質。

烤架抹油。使用前抹上大量的橄欖油或其他植物油，可以避免焦炭黏在食材上，保持魚肉跟雞肉的完整。

烤魚不烤肉。從烤架上流下的油脂會產生致癌物質。因為魚的脂肪含量比肉和家禽類低，烤的時間也比較短，可減少致癌物。

用小火烤。碳烤時增加食材和炭火的距離，把炭鋪平或用磚塊架高烤爐。用瓦斯烤爐時請轉小火。

選擇木炭和硬木而非軟木。烤肉煤餅或山核桃木和楓木之類的硬木，燃點比松木之類的軟木低。

肉類常翻面。可減少致癌物質的囤積，但魚不要太常翻，以免沾黏烤架讓魚肉碎掉。

先醃漬食材。醃漬不只讓碳烤的食物更好吃，也比較安全，因為醃料會先讓致癌物質的化學成份釋出。

羊肉沙威瑪串

Ⓚ 兒童

搭配黃瓜優格醬（299 頁）和生菜沙拉，灑上巴西利葉、羅勒和奧勒岡調味。

4 至 6 人份

900 公克羊腿肉，切成 5 公分大小的塊狀

2 根中型櫛瓜，切成 5 公分長 1 公分厚的塊狀

1 顆大型紫洋蔥，切成角狀

1 大匙鹽

1 大匙黑胡椒

1/3 杯（80 毫升）頂級橄欖油

1 杯（240 毫升）白葡萄酒

3 大匙紅酒醋

1 大匙切碎的新鮮迷迭香

1 大匙切碎的新鮮百里香

1. 把所有食材放入大碗中，密封冷藏醃漬 4 至 6 小時。
2. 烤肉前將 4 至 6 根木頭烤肉叉泡水 20 分鐘（或使用金屬烤肉叉）。烤架或烤盤刷乾淨，塗上大量的橄欖油，中火預熱。
3. 羊肉塊、櫛瓜塊和洋蔥塊交錯地串起來。
4. 每面烤 2 至 3 分鐘。

菜色變化小技巧：把手邊剩下的蔬菜串起來碳烤！

碳烤旗魚佐西西里檸檬油

Salmoriglio 是用這些食材調成的檸檬油醃醬。這種南義式調味料有很多種不同的版本。

4 至 6 人份

1 小匙鹽

1 顆檸檬擠出的汁

1 大匙切碎的新鮮奧勒岡，或 1/2 大匙乾燥奧勒岡

2 大匙切碎的新鮮巴西利葉

1/4 杯（60 毫升）頂級橄欖油

1 小匙黑胡椒

900 公克旗魚，切成約 1 公分厚的片狀

1. 烤架或烤盤刷乾淨，塗上大量的橄欖油，中火預熱。
2. 製作檸檬油醃醬。鹽和檸檬汁放入中碗，用叉子攪拌到鹽溶解。加入奧勒岡和巴西利葉，再一滴一滴地倒入油，同時用叉子攪拌到油和檸檬汁乳化。加入胡椒備用。
3. 旗魚一面烤 2 分鐘後，翻面再烤 3 分鐘。
4. 烤好的魚擺在預熱好的溫盤，趁熱淋上檸檬油後食用。

碳烤挪威海螯蝦

我最近做了這道菜給一群同事吃，其中很多人沒吃過挪威海螯蝦。這種 15 公分長甲殼類海鮮，看起來像蝦和龍蝦的混血，肉質與蟹肉相似但更甜美。他們說從來沒吃過這麼甜的海鮮。有位客人從此以後，每次都到 Cipriani 餐廳點這道他最喜歡的菜。美國的挪威海螯蝦通常都是冷凍的，可以請魚販幫你拿，回家料理前先解凍。菊苣絲沙拉佐檸檬油醋醬非常適合搭配海螯蝦。

4 人份

16 隻挪威海螯蝦

頂級橄欖油

1/2 小匙鹽

1 顆檸檬，切成 4 瓣

1. 烤架或烤盤刷乾淨，塗上大量的橄欖油，中火預熱。
2. 挪威海螯蝦縱切兩半，中間刷上橄欖油並灑鹽。
3. 放在熱烤爐上，帶殼面朝下烤 3 至 4 分鐘，直到蝦肉像熟蝦一樣變白。
4. 螯蝦肉面朝下烤 10 秒。放到預熱好的溫盤上，再淋一點橄欖油，搭配檸檬食用。

鮭魚沙威瑪串

Ⓚ 兒童　Ⓢ 銀髮族

8 人份

淋醬

4 顆檸檬擠出的汁

1/2 小匙白酒醋

1/4 杯（60 公克）切碎的新鮮百里香

1/4 杯（60 公克）切碎的新鮮芫荽葉

5 瓣大蒜，切碎

1 小匙孜然粉

1/2 小匙凱宴辣椒粉

2 大匙紅椒粉

2/3 杯（160 毫升）頂級橄欖油

鮭魚沙威瑪串

900 公克去皮鮭魚，切成約 3 公分大小的塊狀

2 根中型茄子，切成約 1 公分大小的塊狀

2 根中型櫛瓜，切成約 1 公分大小的塊狀

1 顆大型維達麗亞或其他甜洋蔥，切成約 2.5 公分厚的角狀

1/4 杯（60 毫升）頂級橄欖油

鹽和黑胡椒

1 顆檸檬，切成 6 瓣

1. 烤肉前將 4 至 6 根木頭烤肉叉泡水 20 分鐘（或使用金屬烤肉叉）。烤架或烤盤刷乾淨，塗上大量的橄欖油，中火預熱。
2. 製作淋醬。檸檬汁、醋、巴西利葉、芫荽葉、大蒜、孜然粉、凱宴辣椒片和紅椒粉放入碗中，慢慢地倒入橄欖油攪拌均勻。
3. 蔬菜和鮭魚塊交錯地串起來，四面刷上油避免沾黏烤爐。灑上鹽和黑胡椒調味。
4. 烤 8 分鐘左右，翻面 4 次讓食材烤均勻。烤好後立刻擺到大餐盤，淋上醬汁，搭配檸檬食用。

碳烤苦苣佐巴薩米可醋

6 人份

8 顆比利時苦苣，縱切成兩半

5 大匙頂級橄欖油

1/2 小匙鹽

2 大匙濃巴薩米可醋（請見 77 頁的附註）

2 大匙烘烤過的松子

1. 烤架或烤盤刷乾淨，塗上大量的橄欖油，中火預熱。
2. 苦苣裹上 3 大匙橄欖油。
3. 放在烤架上，每面烤 2 至 4 分鐘。
4. 烤好的苦苣擺盤灑鹽，淋上剩下的 2 大匙橄欖油和濃巴薩米可醋，灑滿松子。

碳烤雞排

Ⓚ 兒童

4 人份

4 片雞排，敲成 1 公分厚
1 小匙鹽
1 小匙黑胡椒
6 瓣大蒜，切片
1 大匙切碎的新鮮迷迭香
1/4 杯（60 毫升）頂級橄欖油

1. 雞排、鹽、黑胡椒、大蒜、迷迭香和橄欖油放入密封夾鍊袋，冷藏醃漬 2 至 3 小時。
2. 烤架或烤盤刷乾淨，塗上大量的橄欖油，中火預熱。
3. 拍掉雞排上的大蒜，每面各烤 2 至 3 分鐘。

甜點

Ⓑ 嬰兒
Ⓚ 兒童
Ⓢ 銀髮族

地中海甜點盤

這本書裡沒有太多的甜點食譜，因為 1950 到 1960 年的南義大利人餐後通常不吃甜點。我們會吃新鮮的水果或朝鮮薊（請見 176 頁）。吃完飯後會端上這個甜點盤，帶殼堅果比較好吃，而且敲開堅果很好玩，小孩特別喜歡。帶殼堅果吃起來也比較費時，大家慢慢地坐在餐桌旁邊吃邊聊，就是西西里式的飲食風格。

杏桃乾
無花果乾
椰棗乾
當季新鮮水果
核桃
其他你喜歡的堅果，例如杏仁、腰果和開心果

把這些食材繽紛地擺在大盤上，放在餐桌中間分享。如果有帶殼堅果的話，請附上堅果鉗。

新鮮茴香點心

茴香盛產時，我把茴香做成清新又驚喜的甜點。

1 顆茴香

1. 茴香洗淨，切掉葉子和外殼。
2. 切成四片擺盤，最好冷藏食用。

綜合堅果奶酥

Ⓚ 兒童　Ⓢ 銀髮族

我們家常做這道甜點。可當作健康的零食或甜點，而且不用加糖！

6 至 8 人份

5 顆去籽椰棗（請挑軟的，太硬的話表示已經不新鮮了）

1 杯（240 公克）南瓜籽

1 杯（240 公克）葵花籽

1 杯（240 公克）燕麥片

1/2 杯（120 公克）葵花籽醬或花生醬

1/4 杯（60 毫升）蜂蜜

1 杯（240 公克）蔓越莓乾

1. 預熱烤箱至攝氏 200 度。
2. 去籽椰棗放入果汁機。打成小球狀。
3. 南瓜籽、葵花籽和燕麥片放在烤盤上，烘烤 10 分鐘。冷卻至室溫。
4. 葵花籽醬和蜂蜜放入小鍋，小火加熱並攪拌 4 分鐘直到融化。
5. 烤好的種籽和燕麥、蔓越莓乾、打好的椰棗和葵花籽蜂蜜醬放入大碗中，混合均勻。
6. 20 公分的正方型烤盤舖上保鮮膜，讓保鮮膜蓋住烤盤邊。奶酥餡倒進烤盤用手壓實。
7. 放入冷凍庫 1 小時或冷藏數小時成形。
8. 脫模後撕掉保鮮膜。放在砧板上切成 2 至 5 公分大小的方塊，放進密封容器最多可保存 2 週。

沙拉醬與醬料

Ⓑ 嬰兒
Ⓚ 兒童
Ⓢ 銀髮族

新鮮橢圓番茄醬

Ⓢ 銀髮族

依照這道食譜做出的濃郁醬汁，一定比任何罐頭醬料都好吃！雖然有點費工但很值得，如果想大量製作的話，也可以冷凍保存。記得使用食物研磨器（用來磨碎及過濾流質食物的工具），濾掉番茄籽和外皮，達到最完美的風味。

4 至 6 人份（可搭配 680~900 公克的義大利麵）

1.8 公斤橢圓番茄，洗淨切成四塊

1 小匙鹽

6 大匙頂級橄欖油

4 瓣大蒜，壓碎

1/2 小匙辣椒片

1 大匙番茄醬

1 小匙糖

10 片新鮮羅勒，切碎

1. 番茄和鹽放入鍋中，大火煮滾再轉成小火，半蓋鍋蓋燉煮 30 分鐘。
2. 食物研磨器放進一個湯鍋，倒入番茄磨成泥。番茄泥會流進湯鍋，籽和皮留在研磨器的盆子裡。
3. 番茄泥煮滾，轉小火不蓋鍋蓋煮 30 分鐘，不時攪拌讓醬汁濃縮。
4. 中火熱油，加入大蒜、辣椒片和番茄醬。炒 30 秒後倒入番茄泥、糖和羅勒，煮 5 分鐘，就可以用這個醬汁拌義大利麵了。

菜色變化小技巧：太熟的番茄最適合做成番茄醬！

簡單快速茄汁醬

Ⓚ 兒童

這是我太太的茄汁醬新歡，她超愛這個味道。使用的番茄品種（我之前說過，強烈建議使用通過原產地名稱保護的聖馬爾札諾番茄）和大蒜是否徹底打碎，是決定這款醬汁成敗的關鍵。

4 人份（可搭配 450 公克的義大利麵）

1 罐（800 公克）全顆去皮聖馬爾札諾番茄
1/4 杯（60 毫升）頂級橄欖油
1/2 小匙辣椒片
1 大匙番茄醬
6 瓣大蒜，切片
3 大匙切碎的新鮮羅勒
1 小匙鹽
1 小匙糖

1. 番茄放入碗中用手捏碎，保留汁液。
2. 中火熱油，加入辣椒片、番茄醬和大蒜，炒 1 分鐘。加入番茄和汁液、2 大匙切碎的羅勒、鹽和糖。
3. 煮滾後轉小火，蓋上鍋蓋燉煮 10 至 15 分鐘，不時攪拌。
4. 用手持攪拌器打成泥，打碎的熟大蒜讓醬汁變得超美味。
5. 義大利麵拌上醬汁時，加入最後 1 大匙羅勒。

油醋沙拉醬

如果你沒有自己做過沙拉醬，你將會發現少了市售沙拉醬裡大量的鹽和糖，做出來的沙拉醬有多美味。有些人喜歡紅白酒醋的酸味，但有些人不喜歡。用巴薩米可醋做的沙拉醬比較甜，適合不喜歡強烈酸味的人。

沙拉醬的油加入無油食材時，必須一邊慢慢地倒入油，一邊用力地攪拌；用速度和力量讓油的分子變小，延長與檸檬汁或油融合的時間。因為乳化不能維持太久，我建議使用前再製作沙拉醬（或至少在一天內使用完畢）。新鮮味道最好，放一陣子後會凝結，影響均勻的質地。

4 人份

紅酒醋或白酒醋

3 至 4 大匙紅酒醋或白酒醋

鹽和黑胡椒，依個人喜好調味

1/4 杯（60 毫升）頂級橄欖油

巴薩米可醋

3 至 4 大匙巴薩米可醋

1/2 小匙鹽

1/2 小匙黑胡椒

1/4 小匙乾燥奧勒岡

1/4 杯（60 毫升）頂級橄欖油

選擇喜歡的油醋醬口味，醋和其他食材放入小碗混合。一邊攪拌一邊慢慢地加入油，直到醬汁乳化完成。淋在沙拉上食用。

低脂西西里式凱撒沙拉醬

大部份的凱撒沙拉醬都用到生蛋，但這道食譜不需要；降低熱量、膽固醇和食物中毒的風險的同時，仍保有凱撒醬的迷人風味。這個沙拉醬適合搭配羽衣甘藍沙拉，再灑上 1 至 2 大匙磨碎的帕馬森起司。事先準備好沙拉菜冷藏，拌沙拉前再製作醬汁。

4 至 6 人份

1 瓣大蒜，切碎

2 大匙巴薩米可醋

1 大匙第戎芥末醬

4 片鯷魚，切碎

鹽少許

2 大匙磨碎的帕馬森起司

1 小匙伍斯特醬

6 大匙頂級橄欖油

1. 橄欖油以外的所有食材放入果汁機，打 15 至 20 秒直到均勻混合。
2. 倒進碗中，一邊慢慢地加入油一邊攪拌。淋在沙拉上食用。

酪梨醬

Ⓢ 銀髮族

這個醬汁適合搭配各種海鮮，碳烤的也不錯。可當作淋醬、沾醬或墊在海鮮下，例如鮭魚排灑鹽淋上橄欖油，再搭配酪梨醬，太美味了。

請使用熟酪梨，比較有味道而且能打出綿密的質地。注意要挑選綠色且壓起來有點軟的酪梨（太硬或太軟表示太生或太老）。

4 人份

1 顆紫洋蔥，切絲
3 大匙頂級橄欖油
1/2 根紅辣椒
鹽
2 顆中型熟酪梨

1. 紫洋蔥、橄欖油、紅辣椒和鹽放進果汁機打勻。
2. 加入酪梨，攪打成綿密柔滑的質地。

四種青醬

義大利的不同地區，依據當地特產，有不同的青醬。西西里島盛產杏仁，所以通常用杏仁代替松子。小番茄又多又甜，我們也加進青醬中。西西里島也大量種植球花甘藍，所以常做成球花甘藍青醬。別再執著於松子青醬了，試試這些不同的美味醬料吧。

這些青醬都非常適合搭配義大利麵、麵包、肉類或蔬菜食用。

傳統青醬

新鮮羅勒富含抗氧化物、抗菌和抗發炎成份。由於羅勒很容易氧化變黑，所以建議加入菠菜，保持青醬的翠綠色澤。這款青醬適合搭配圓直麵或其他義大利麵食用。

4 人份（可搭配 450 公克的義大利麵）

1 把堅果（例如松子、杏仁或核桃）

1 杯（240 公克）新鮮嫩菠菜，洗淨擦乾

2 杯（480 公克）新鮮羅勒，洗淨擦乾

一小撮鹽，可省略

1 瓣大蒜

1/2 杯（120 毫升）頂級橄欖油

1/4 杯（60 公克）磨碎的帕馬森起司

1. 堅果放入鍋裡，中火烘烤 1 至 2 分鐘，小心別燒焦。
2. 菠菜、羅勒和堅果放入果汁機，加鹽（可省略）和大蒜。攪打時慢慢加入橄欖油混合均勻後，再加入起司打 10 至 15 秒。我通常會保留 3 至 4 大匙煮麵水，視情況調整青醬的稠度。
3. 食用時可以再淋一點橄欖油，並灑上起司增添風味。

特拉帕尼青醬

這個青醬食譜源自西西里島的特拉帕尼市，適合搭配筆尖麵、螺旋麵或麻花捲麵等短麵食用。

4 人份（可搭配 450 公克的義大利麵）

1 把杏仁

1 瓣大蒜，切碎

2 又 1/2 杯（600 公克）新鮮羅勒

1 杯（240 公克）小番茄

1/4 杯（60 毫升）頂級橄欖油，並視情況斟酌

1/2 杯（120 公克）磨碎的帕馬森起司

鹽和黑胡椒

1. 杏仁放入鍋裡，中火烘烤 1 至 2 分鐘，小心別燒焦。
2. 大蒜和烤過的杏仁加進果汁機，攪打 10 至 15 秒。
3. 加入羅勒和番茄，再攪打 20 至 30 秒，同時慢慢地加入橄欖油攪打均勻，直到看不見番茄皮（看得到番茄皮的話口感不好）。
4. 加入帕馬森起司、一小撮鹽及黑胡椒，再攪打 10 至 20 秒。
5. 如果青醬太稠，可加一點煮麵水或橄欖油稀釋。

球花甘藍青醬

這個青醬我最喜歡的吃法是拌上圓直麵，淋一點橄欖油，搭配炒球花甘藍花，最後再灑一點帕馬森起司。

4 人份（可搭配 450 公克的義大利麵）

2 把球花甘藍
1 大匙又 1/4 小匙鹽
9 大匙頂級橄欖油
4 瓣大蒜，切片
一小撮辣椒片
4 片鯷魚，切碎
1/4 杯（60 公克）磨碎的帕馬森起司

1. 球花甘藍洗淨，切下頂部 5~8 公分的花備用。剩下的菜梗和葉子切碎。
2. 1 公升水大火煮滾，加入 1 大匙鹽及球花甘藍菜梗和葉子，煮 2 至 3 分鐘。
3. 保留 1 杯（240 毫升）煮菜水後，瀝乾球花甘藍，和 1/2 杯（120 毫升）保留的煮菜水一起加入果汁機。
4. 中火熱 3 大匙橄欖油，加入一半的蒜片、辣椒片和鯷魚，炒到蒜片金黃，鯷魚溶進油中。
5. 蒜片油、球花甘藍菜梗和葉子、起司及 4 大匙橄欖油加入果汁機，均勻攪打成醬汁。可多加點煮菜水，調整成番茄泥的稠度。倒入大碗。
6. 在剛剛炒蒜片和鯷魚的鍋子裡用中火熱 2 大匙油，炒剩下的蒜片。
7. 大蒜上色後，加入球花甘藍花和剩下 1/4 小匙鹽。洗過的球花甘藍水份應該夠，如果太乾的話，加 2 大匙水，中小火翻炒 3 分鐘。食用前在義大利麵上擺炒好的球花甘藍花。

羽衣甘藍羅勒青醬

適合搭配圓直麵、筆尖麵或小吸管麵食用。

4 人份（可搭配 450 公克的義大利麵）

1/4 杯（60 公克）碎核桃

1 瓣大蒜，切碎

1/2 小匙鹽

1/2 小匙黑胡椒

2 又 1/2 杯（600 公克）羽衣甘藍葉，不限品種，去梗、葉子切成約 2.5 公分長的段狀

2 杯（480 公克）新鮮羅勒

1/2 杯（120 毫升）頂級橄欖油

1/2 杯（120 公克）磨碎的帕馬森起司

1. 核桃放入鍋裡，中火烘烤 3 至 4 分鐘，不時翻動以免燒焦。
2. 大蒜、鹽、黑胡椒和核桃加入果汁機，攪打 10 至 20 秒。
3. 加入羽衣甘藍和羅勒，慢慢倒入一半的橄欖油，攪打 40 至 60 秒直到均勻混合。
4. 加入起司和剩下的油，再打 20 至 30 秒。
5. 加一點煮麵水（最多 1/4 杯）調整成喜歡的質地，我喜歡類似番茄醬的稠度。

附註：青醬的好處是可以冷凍保存，要吃的時候拿出來很方便。如果大量製作冷凍，請不要加起司。多做一點倒進冰塊盒冷凍保存，解凍時只要把冷凍青醬放在鍋子裡，加 2 至 4 大匙水，小火加熱直到解凍。軟化後，再視個人喜好的量加入起司。

黃瓜優格醬

Ⓚ 兒童

黃瓜優格醬是經典的地中海優格冷醬。清新的風味適合搭配各種魚和肉，尤其是碳烤的，也可以當作蔬菜、批塔餅或沙威瑪串的沾醬，抹在三明治裡，拌入馬鈴薯泥，甚至當作沙拉醬。盡情地實驗並大口享用吧！

4 人份

1 杯（240 公克）原味優格

1/4 杯（60 公克）切碎的新鮮蒔蘿

1/2 小匙鹽

1/2 杯（120 公克）去籽小黃瓜絲

1/2 顆檸檬擠出的汁

1 瓣大蒜，切碎

所有食材放入碗中攪拌均勻。黃瓜優格醬最多可冷藏保存 3 天。

致謝

這本書獲得許多人的協助才得以付梓，我深深地感謝他們。首先是我的太太斯維拉娜，自從認識她以後，她是我一切的靈感來源。她對家庭的熱愛與付出，讓我無後顧之憂。我的母親莎拉，灌輸了我對食物及人群的熱情。我的孩子亞莉珊卓、薩爾瓦多和尼可拉斯，讓我的日常生活充滿活力，啟發我寫下這本關於地中海家庭飲食的書。

我的醫學寫作夥伴羅莉．安．范德摩倫，這本書少了她絕對不可能完成。誠摯地感謝妳的付出、堅持、忠實和實事求是的謹慎。對於妳研究、寫作、一遍又一遍地修改所花費的無數時光，我的感謝更是難以言表。

謝謝我的經紀人勞拉．戴爾，相信這本書的可能，從頭到尾的鼓勵與協助，讓這本書變得比我們想像的更美好。深深感謝妳熱情的支持，讓我努力寫成的文字付梓。

我也想特別感謝 HarperCollins 的傑出團隊。謝謝編輯瑞貝卡．杭特幫助我們在一開始時定立這本書的走向。優秀編輯的卡拉．貝蒂克和 William Morrow 團隊，謝謝你們寶貴的建議指教和謹慎的編審，以及對我們細火慢燉這本書的耐心。

我也要謝謝史蒂夫．哈柏格，從頭到尾支持這場冒險旅程。

安維沙．巴蘇和黛安娜．賈西亞，謝謝你們協助訊息傳播的偉大任務。你們的努力可能會讓獲得資訊的人延長壽命，並啟發他們的靈感。

謝謝我的設計師蘇伊．崇，你的美術編排讓我的文字和食譜，變身為令人驚豔的全彩食譜書。也感謝攝影師莉茲．克萊門及食物造型師利百加．派卜勒的努力。

提供食譜給我、讓我進廚房參觀並向我分享料理過程和熱情的義大利廚師們，我想向你們獻上最高的敬意。特別感謝紐約 Biro 餐廳的行政主廚馬西莫．卡爾朋，總是用我喜歡的食材做出美味的午餐或晚餐。最後我想深深地感謝我的朋友們：麥克．道林、馬克．索拉佐、霍華．戈登、約翰．奧德曼、皮耶．果爾西、朱塞佩．希普利亞尼和威廉．海曼，每次看到你們來我家吃飯我總是很開心，這輩子，我家的餐桌永遠會為你們留個座位。

——安傑羅．奧古斯塔

我想要感謝安傑羅，我們再度合作完成了一個有意義的任務，可能會讓很多人的生活變得更美好。他的智慧、魅力、真實和了不起的食譜，給了這本書生命。（我的家人也想謝謝他讓我變得這麼會做菜！）我也想感謝支持我們和負責完成這本書的所有人，勞拉・戴爾的慧眼和熟練地指示。史蒂夫・哈柏格的協助讓我們穩穩地走下去。瑞貝卡・杭特引領我們正確的方向。卡拉・貝蒂克的整體建議、敏銳的想法和最深思熟慮、親切又可靠的協助。HarperCollins整個團隊的努力，讓我們的文字和圖片變得更精美。最重要的，我想感謝我家餐桌上的成員，在這本書寫作期間耐心地陪伴，帶給我愛與歡笑。鮑伯、彼得、茱莉亞，特別是葛拉罕，我對你的愛至死不渝。

——羅莉・安・范德摩倫

附錄

營養素來源

營養素	食物來源	附註
蛋白質[×]	乳製品 蛋 肉 海鮮 堅果 種籽 豆類 白花椰菜 球花甘藍	**懷孕期**：蛋白質對胎兒的發育特別重要，尤其是第二和第三孕期。 **發育期**：攝取足夠的蛋白質是身高發育的關鍵。 多吃植物性蛋白質，少吃動物性蛋白質。
健康脂肪[×]	多吃： **多元不飽和脂肪酸**（存在於橄欖油、芥花油、酪梨、橄欖中） **Omega-3 單元不飽和脂肪酸**（存在於核桃和其他堅果、亞麻籽中） **Omega-3 單元不飽和脂肪酸 EPA 和 DHA**（存在於油脂含量高的魚種中，如鮭魚、鯖魚、沙丁魚和鯷魚）	DHA 在懷孕期與哺乳期對寶寶的成長發育特別重要。 少吃飽和脂肪（存在於紅肉、奶油和全脂乳製品中）。

× 懷孕期特別需要

營養素	食物來源	附註
健康脂肪 × （接前頁）	健康但不要多吃： **Omega-6 單元不飽和脂肪酸、亞油酸**（存在於黃豆、大豆油和玉米油、葵花油、紅花油等植物油中）	
健康醣類	水果 蔬菜 麵包、燕麥、穀片、脆餅等全穀製品 杜蘭粗粒小麥粉製成的義大利麵	標籤上注意要標註「全」麥（例如 100% 全麥麵粉或 100% 全穀），而且在內容物清單的第一位。 「多穀」「小麥」「營養強化」或「石磨小麥」粉可能都還是精製白麵粉。 避免精製澱粉（例如雞蛋麵、白麵包、即食穀物或白米）。
水份	水	糖會阻礙水份吸收。 小孩和老人比較容易脫水。
纖維質*	水果：特別是蘋果和（帶皮）洋梨、覆盆子、香蕉、柳橙、草莓和果乾 蔬菜：特別是綠花椰菜、球花甘藍、豌豆、玉米、（帶皮）茄子和茴香 豆類 燕麥或大麥等全穀類 堅果	避免老年人便秘。
生物素 ×	蛋 酪梨 覆盆子 鮭魚 白花椰菜	維生素 B 的一種。

× 懷孕期特別需要

* 兒童經常缺乏

營養素	食物來源	附註
膽鹼 ×	蛋 豬里肌 鱈魚 鮭魚 雞肉 綠花椰菜 白花椰菜	避免胚胎發育時神經管缺損。
鈣～*◇×±	牛奶及其他乳製品 鮭魚或沙丁魚罐頭 綠花椰菜 球花甘藍 牛皮菜 羽衣甘藍 蕪菁 黃豆製品	足量攝取是發育期身高成長和打造強健骨骼的關鍵。 維生素D和維生素C可幫助吸收。 咖啡因會影響吸收。 吸收能力隨著年齡增長而減低。 懷孕時必須足量攝取，但不需要額外的補充品。
銅	菊苣 奇異果 韭蔥 茴香 甜菜 帶殼海鮮 全穀類 豆類 堅果	重要的微量礦物質，和鐵質都能幫助人體生成紅血球，保持血管、神經、免疫系統和骨骼健康。
葉酸（以及人造葉酸）×±	煮熟的豆類（例如米豆、大北豆） 煮熟的菠菜 深綠色葉菜 綠花椰菜 球花甘藍	降低心臟病危險因子的同半胱胺酸值。 懷孕女性可避免某些胎兒缺陷。

～ 寶寶特別需要　　* 兒童經常缺乏
± 青少年經常缺乏　　◇ 老人經常缺乏
× 懷孕期特別需要

營養素	食物來源	附註
葉酸（以及人造葉酸）×± （接前頁）	蘆筍 營養強化義大利麵 哈密瓜 蛋 韭蔥 櫛瓜 茴香 甜菜 水果 堅果 乳製品 營養強化（葉酸）穀片	
碘	碘化鹽 海鮮 乳製品 加工食品	代謝及甲狀腺正常運作需要的微量礦物質，人體本身即含有。 女性比男性容易出現不足情形，懷孕女性及兒童更常見。
鐵*～±	肉類 豆類 營養強化穀片 果乾 肝臟 綠葉蔬菜 球花甘藍 豌豆 魚 家禽類 甜菜 黑糖蜜	蛋白質和維生素 C（特別是同餐食用）可增強吸收。 同時吃下過多纖維質和一次大量攝取會減緩吸收（少量多次攝取較佳）。 老年人體內更常累積，過多會造成氧化。維生素 C 可促進吸收並抗氧化。 青少年女性比男性更常缺乏鐵質。

～ 寶寶特別需要　　* 兒童經常缺乏
± 青少年經常缺乏　　× 懷孕期特別需要

營養素	食物來源	附註
葉黃素	菠菜和羽衣甘藍等綠葉蔬菜 綠花椰菜 菊苣 葡萄 柳橙 蛋黃	有助於改善老化造成的眼部肌肉退化。
番茄紅素	番茄，尤其是煮熟的 西瓜	紅色蔬果中含有的強效抗氧化物質。
離胺酸	紅肉 堅果 豆類，尤其是黃豆	幫助人體吸收鈣質，對骨骼和結締組織發育特別重要。
鎂◇	豆類 堅 種籽 魚 全穀類 黑糖漿 巧克力	對肌肉神經和骨骼健康特別重要。
磷	牛奶 乳製品 肉類 魚 蛋 全穀類 豆類 茴香 甜菜	打造骨骼和牙齒，及醣類和脂肪代謝的關鍵角色。人體製造蛋白質以供發育和修護細胞組織時需要的礦物質。磷也能幫助人體製造 ATP 這種儲存能量所需要的血紅蛋白。 碳酸飲料會妨礙吸收。
植物雌激素	亞麻籽和芝麻等高油脂種籽 黃豆製品 豆類	更年級的女性特別需要。

◇ 老人經常缺乏

營養素	食物來源	附註
植物雌激素 （接前頁）	燕麥、小麥粒或大麥等全穀類 肉製品 蘋果、石榴等水果 胡蘿蔔、山藥、茴香、苜蓿等蔬菜 咖啡	
鉀◇	香蕉、柳橙、哈密瓜、葡萄乾、奇異果等水果 白豆之類的豆類 南瓜、菠菜、（帶皮）地瓜和馬鈴薯、綠花椰菜、（帶皮）茄子 全穀類 新鮮肉類 優格 魚 櫛瓜 茴香 甜菜 番茄汁	有助於平衡飲食中攝取的鈉。
硒	堅果 鮪魚罐頭 甜椒	抗氧化物。
維生素 A～	地瓜 胡蘿蔔 綠葉蔬菜 球花甘藍 瑞可達起司 哈密瓜 杏桃 醃漬鯡魚 牛奶 蛋 紅甜椒 芒果	有助於打造及維持健康的肌膚、牙齒和骨骼。 增強視力。 生殖或哺乳時需要。 老年人體內的含量經常過多。

～ 寶寶特別需要　　◇ 老人經常缺乏

營養素	食物來源	附註
維生素 B_6	葵花籽 開心果 魚 火雞、雞肉、瘦豬肉等肉類 果乾（特別是黑棗乾） 香蕉 酪梨 菠菜 鷹嘴豆 茄子 甜菜 櫛瓜 韭蔥	能量、脂肪和蛋白質代謝的關鍵元素。對毛髮、皮膚、肝臟和視力很重要。
維生素 B_{12} ◇×	多種動物性來源，例如內臟（牛肝）、帶殼海鮮（蛤蜊）、肉和家禽類 鮭魚、彩虹 、罐頭粉鮪等魚類 黃豆	幫助身體製造紅血球，將脂肪和醣類轉化成能量。
維生素 B 族：菸鹼酸	花生 牛肉 雞肉	菸鹼酸是維生素 B 族中的一種，有助於消化系統、皮膚和神經運作。 食物轉化成能量的重要營養素。
維生素 B 族：核黃素	綠葉蔬菜 蛋 豆類 瘦肉 乳製品 堅果 菇類 櫛瓜 營養強化穀片 牛肝	能量代謝所需要的一種維生素 B。

× 懷孕期特別需要　　◇ 老人經常缺乏

營養素	食物來源	附註
維生素 B 族： 硫胺素	松子 黃豆 球花甘藍	幫助醣類轉化成能量的一種維生素 B。
維生素 C~	柳橙 紅椒和青椒 羽衣甘藍 綠花椰菜 櫛瓜 白花椰菜 球芽甘藍 木瓜 草莓 鳳梨 芒果 茴香 球花甘藍 甜菜	對肌膚、骨骼、結締組織健康十分重要的抗氧化物質。 幫助傷口復原，有助於人體吸收鐵質。 醃肉時加入抗壞血酸（維生素 C），避免亞硝酸鹽產生致癌的硝酸胺。
維生素 D *◇×~±	陽光 魚（特別是旗魚、鮭魚、鯖魚等高油脂魚種） 鱈魚肝油 黃豆 營養強化的食物，如牛奶、柳橙汁和穀片	促進鈣質吸收及骨骼發育。
維生素 E ◇~	堅果 種籽 綠葉蔬菜 球花甘藍 穀物胚芽 營養強化穀片	強大的抗氧化功效。 具抗凝血作用，攝取過多對老人可能有危險。

~ 寶寶特別需要　　＊ 兒童經常缺乏
× 懷孕期特別需要　　◇ 老人經常缺乏
± 青少年經常缺乏

營養素	食物來源	附註
維生素 K◇	菊苣 羽衣甘藍、菠菜、牛皮菜等綠葉蔬菜 球花甘藍 蕪菁 芥菜 櫛瓜 韭蔥	具有防止血栓的重要作用。
鋅*~	全穀類（特別是穀麩和胚芽） 豆類 堅果 肝臟 肉類 蛋 牡蠣 家禽類 阿拉斯加帝王蟹	對免疫系統有幫助。

~ 寶寶特別需要
* 兒童經常缺乏
◇ 老人經常缺乏

通用轉換表

烤溫對照

華氏 250 度＝攝氏 120 度
華氏 275 度＝攝氏 135 度
華氏 300 度＝攝氏 150 度
華氏 325 度＝攝氏 160 度
華氏 350 度＝攝氏 180 度
華氏 375 度＝攝氏 190 度
華氏 400 度＝攝氏 200 度
華氏 425 度＝攝氏 220 度
華氏 450 度＝攝氏 230 度
華氏 475 度＝攝氏 240 度
華氏 500 度＝攝氏 260 度

單位對照

如果沒有特別註明，測量時均需刮平食材。

1/8 小匙＝ 0.5 毫升

1/4 小匙＝ 1 毫升

1/2 小匙＝ 2 毫升

1 小匙＝ 5 毫升

1 大匙＝ 3 小匙＝ 1/2 液量盎司＝ 15 毫升

2 大匙＝ 1/8 杯＝ 1 液量盎司＝ 30 毫升

4 大匙＝ 1/4 杯＝ 2 液量盎司＝ 60 毫升

5 又 1/3 大匙＝ 1/3 杯＝ 3 液量盎司＝ 80 毫升

8 大匙＝ 1/2 杯＝ 4 液量盎司＝ 120 毫升

10 又 2/3 大匙＝ 2/3 杯＝ 5 液量盎司＝ 160 毫升

12 大匙＝ 3/4 杯＝ 6 液量盎司＝ 180 毫升

16 大匙＝ 1 杯＝ 8 液量盎司＝ 240 毫升

索引

數字與英文字母

ㄅ

ㄆ

ㄇ

ㄈ

ㄉ

ㄊ

ㄋ

ㄌ

ㄍ

ㄎ

ㄏ

ㄐ

ㄑ

ㄒ

ㄓ

ㄔ

ㄕ

ㄖ

ㄗ

ㄘ

ㄙ

ㄞ

ㄠ

ㄡ

ㄢ

ㄧ

ㄨ

ㄩ

本書資訊與知識僅供參考，不得取代專業醫療人員的建議。執行新的飲食方法、運動及其他健康計劃前，均需經過專業諮詢。

書中內容已經過精心校對，確保出版時的準確度。任何使用本書之建議或手法所造成的影響或副作用，出版商與作者將不負任何責任。

超完美地中海飲食指南

全球最健康的飲食文化，0 到 100+ 歲都適用的家庭料理書

The Mediterranean Family Table

作　　者／安傑羅．奧古斯塔醫師（M.D. Angelo Acquista）
　　　　　羅莉．安．范德摩倫（Laurie Anne Vandermolen）
譯　　者／賀　婷
責任編輯／曹仲堯
封面設計／劉佳華
內頁排版／張靜怡
行銷企劃／王琬瑜、卓詠欽

發 行 人／許彩雪
出 版 者／常常生活文創股份有限公司
E-mail／goodfood@taster.com.tw
地　　址／台北市信義路二段130號

讀者服務專線／(02) 2325-2332
讀者服務傳真／(02) 2325-2252
讀者服務信箱／goodfood@taster.com.tw
讀者服務專頁／https://www.facebook.com/goodfood.taster

法律顧問／浩宇法律事務所
總 經 銷／大和圖書有限公司
電　　話／(02) 8990-2588（代表號）
傳　　真／(02) 2290-1658

製版印刷／凱林彩印股份有限公司
初版17刷／2024 年 9 月
定　　價／新台幣 499 元
ＩＳＢＮ／978-986-93068-7-4

常常好食 GOODFOOD

國家圖書館出版品預行編目（CIP）資料

超完美地中海飲食指南：全球最健康的飲食文化，0 到 100+ 歲都適用的家庭料理書／安傑羅．奧古斯塔醫師（Angelo Acquista）、羅莉．安．范德摩倫（Laurie Anne Vandermolen）著；賀婷譯. -- 初版. -- 臺北市：常常生活文創, 2016.08
面；　公分.
譯自：The Mediterranean family table: 125 simple, everyday recipes made with the most delicious and healthiest food on earth
ISBN 978-986-93068-7-4（平裝）
1. 食譜　2. 健康飲食
427.12　　　　105013988